DECORATION

裝潢建材

MATERIAL

基礎課

GUIDEBOOK

目錄

Chapter

\ 1 /

——

天花建材

結構材　015　結構材施工與細節注意
016　輕鋼架
017　角材

表面材　019　表面材施工與細節注意
020　夾板
020　礦纖板
021　矽酸鈣板
021　石膏板

燈具　023　燈具規劃與細節注意
024　吊燈
024　吸頂燈
025　嵌燈
025　軌道燈

實例應用　026

Q&A

032　Q1　需不需要做天花板，應該怎麼判斷？

034　Q2　天花板裝修預算應該怎麼抓？會產生哪些費用？

036　Q3　天花裝修有哪些工法？
　　　　　木作天花板和暗架天花板差在哪裡？

037　Q4　天花板材怎麼挑？有需要特別考慮防火、防水問題嗎？

038　Q5　天花板造型有哪些設計手法？

039　Q6　假如預算不高，還可以做天花板嗎？

040　Q7　如果空間條件不適合做天花板，有什麼方式可以美化？

041　Q8　在天花板完工之後，感覺表面不是很平整，問題出在哪裡？

042　Q9　樑柱的量體太大、位置尷尬，要如何化解？

043　Q10　老屋、中古屋、新成屋，天花板裝修重點是否不一樣？

044　Q11　想在天花拼貼不同材質或做造型天花，應該怎麼挑選？

045　Q12　吊隱式冷氣和壁掛式冷氣該如何選擇？
　　　　　對天花造型有什麼影響？

046　Q13　燈光設計是不是一盞就能照亮空間？
　　　　　如果不是要怎麼配置才對？

047　Q14　對應空間坪數大小，如何安排燈光才不會太亮或太暗？

048　Q15　什麼是燈光的色溫？所有空間色溫都一致，
　　　　　還是應該配合不同空間做調整？

050　Q16　吊燈、嵌燈和軌道燈，應該選哪一種燈，
　　　　　才能兼具光線充足與空間氛圍的需求？

051　Q17　天花的間接照明設計，大約有哪幾種形式？如何預估費用？

052　Q18　在吊燈的挑選上，除了注意燈具造型，
　　　　　材質是否也要依據空間風格做選擇？

053　Q19　聽說燈泡也有紫外線問題，怎麼選無害且環保的燈泡？

053　Q20　智能照明系統有哪些優勢？
　　　　　如果預算不足有其它替代方式嗎？有必要安裝嗎？

Chapter
\ 2 /

地面建材

木地板

059	實木地板製作流程
060	實木地板
060	海島型木地板
061	PVC 塑膠地板
061	SPC 石塑地板
062	超耐磨木地板

磁磚

065	磁磚製作流程
066	拋光石英磚
067	仿石紋磚
067	木紋磚
068	花磚
068	六角磚
069	復古磚
069	陶磚

石材

071	石材製作流程
072	大理石
073	花崗岩

水泥

| 075 | 水泥製作流程 |
| 076 | 磐多魔／優的鋼石／萊特水泥 |

收邊材

079	收邊材施工與細節注意
080	矽利康
080	踢腳板
081	收邊條

實例應用 082

Q&A

086　Q1　地板想鋪磁磚，磁磚尺寸怎麼挑才好？

087　Q2　喜歡色彩繽紛的花磚，
　　　　　但大面積使用會不會太花？

088　Q3　想用木紋磚取代木地板，二者的差異及注意事項有哪些？

089　Q4　地板磚材種類那麼多，要從哪裡挑起？

090　Q5　用在衛浴的地磚，要特別注意什麼？

092　Q6　台灣常常下雨又潮濕，可以鋪木地板嗎？

094　Q7　大理石用在地面和牆面，選購條件會有不同嗎？

095　Q8　同樣都是石材，施工費卻有高低差？

096　Q9　喜歡豪華氣派的石材，但聽説不好保養怎麼辦？

097　Q10　地板若使用兩種以上的材質，交界處怎麼做會比較美觀？

098　Q11　水泥粉光、磨多魔和 EPOXY，
　　　　　看起來都像水泥，差異究竟在哪裡？

099　Q12　磁磚看起來都很像，品質如何比較？

100　Q13　地板材質種類那麼多，怎麼知道哪種材質比較適合居家空間？

101　Q14　想用踩起來很舒服的實木地板，但聽説實木地板很難照顧？

102　Q15　地板鋪水磨石，施工會不會很麻煩？

102　Q16　不同空間的地板材質，應該怎麼挑？

104　Q17　什麼是薄板磁磚？是磁磚的一種嗎？
　　　　　和普通磁磚有什麼不同？

104　Q18　什麼是藝術水泥？可以用在地面嗎？

105　Q19　踢腳板要怎麼挑，才不會用起來和空間風格很不搭？

105　Q20　地板收邊要用哪種矽利康比較好？

Chapter

\ 3 /

壁面建材

隔間材	111	隔間材施工與細節注意
	112	輕隔間材
	113	玻璃

壁面裝飾材	115	壁面裝飾材施工與細節注意
	116	磚石
	118	油漆
	119	環保塗料
	119	黑板漆
	120	仿清水模塗料
	120	樂土
	121	壁紙／壁布

門	123	門的施工與細節注意
	124	推拉門
	125	折疊門

| 實例應用 | 126 | |

Q&A

136	Q1	想在牆面呈現水泥效果，除了使用水泥之外，還有什麼其它選擇？
137	Q2	使用玻璃做隔間雖然透通，但能兼顧到隱私嗎？
138	Q3	為什麼同樣坪數油漆工程報價卻落差很大？
139	Q4	想打造一面電視主牆，怎麼做才能成為空間焦點？
140	Q5	想在衛浴空間牆面使用石材，但會不會很難照顧？
141	Q6	小坪數空間想用活動隔間，哪種比較適合？
142	Q7	隔牆隔音效果不好，是施工還是隔牆建材問題？
143	Q8	不想要全白的牆面，油漆顏色要怎麼挑？
144	Q9	怎麼知道使用的塗料和油漆是否健康環保？
145	Q10	貼壁紙時，牆面有需要先做整理嗎？
146	Q11	壁紙除了花樣以外，有別種材質可以選擇嗎？
147	Q12	想在牆面創造獨特的紋理觸感，要選哪種塗料？
148	Q13	想用天然石材裝飾牆面，有沒有更經濟實惠的選擇？
149	Q14	有什麼方法可以改善隔牆封閉感？還讓空間看起來變大？
150	Q15	廚房防濺牆面容易累積黏膩油煙，哪種材質才會好清理又耐看？
151	Q16	想安裝拉門，做為書房與客廳的隔間，安裝時需考量什麼嗎？
152	Q17	磁磚有專門區分壁磚和地磚嗎？有什麼差異？
153	Q18	為什麼折疊門或推拉門用久了，就會卡卡的？
154	Q19	聽說磁性漆可以讓牆面有磁力？但真的吸得住嗎？
155	Q20	輕隔間有那麼多種，各有什麼優缺點，隔音效果好嗎？

附錄

| 156 | | DESIGNER DATA |
| 158 | | MANUFACTURER DATA |

Chapter

\1/

天花建材

天花設計容易被忽略，且過去建材選用上，也多從防水、防火及支承力等功能做優先考量，不過隨著科技的進步，許多裝潢建材兼具了功能與美觀，因此在居家裝潢時，除了強調功能，建材也可以有更多選擇，來達成理想中的天花設計。

天花設計 最重要的基底材

居家裝修時，佔比大卻最容易被忽略的區域就是天花，雖說不像地板和牆面，會在第一時間吸引視線，但天花設計卻能影響空間寬敞感受與整體空間氛圍。台灣住宅普遍有樑柱多的問題，樑柱過多不僅視覺不夠美觀，較大的樑柱也可能造成壓迫感，因此居家裝修時，大多會採用木作天花設計來將樑柱包覆加以美化。以木作包覆聽來簡單，其實施作時要依據個別空間條件決定天花設計方式，以免修飾不成反造成壓迫感。施作過程，除了視覺美感考量外，選用適合與正確的裝潢建材，悠關整體裝潢費用，及居家空間安全與實用性，因此確認設計面向的同時，應謹慎挑選。

使用建材

種類	用途	常用建材
結構材	做為天花設計內在骨架。	角材、輕鋼架
表面材	將骨架包覆起來，也稱之為封板，讓天花表面看起來平整。	夾板、矽酸鈣板、石膏板、礦纖板
燈具	空間照明。在天花施工的同時，需一併做燈光計畫，以確認後續拉線及開孔位置。	吊燈、吸頂燈、嵌燈、軌道燈

空間設計暨圖片提供│庵設計

注意事項

| POINT1 |

了解原始天花條件後，再針對每個區域及需求，決定是否做天花，與其適合施工方式。

| POINT2 |

天花設計目的是隱藏管線，但使用的裝潢材料，還是要注重防火、防水及承重等功能性。

| POINT3 |

除了著重造型設計，可搭配燈光輔助，運用光線營造獨特氛圍，弱化原始天花缺點。

空間設計暨圖片提供｜禾設計

結構材

天花結構的主要材料

台灣居家空間普遍樑柱較多，因此居家裝潢時常見採用天花設計來做修飾，而不論天花造型如何設計與變化，一開始都必需先使用結構材來打造出天花造型的基礎骨架，而最廣泛使用的結構材就是木作角材，角材種類中最常見有柳安木角材和集層角材，除了做為天花結構，也會用來做為牆面骨架、架高木地板結構，在木作工程中使用率相當高，可說是木作最重要的主材料之一。

因應空間類型，選擇適用建材

不過隨著科技的進步，且木素材容易有蟲蛀、腐壞問題，加上不若住宅空間講究造型變化，商業用空間大多追求施工快速、價格便宜，因此便有了工序相對簡單的輕鋼架天花，根據施工方式可分成明架天花、暗架天花，這種天花設計是採用輕鋼架取代角材做為結構材，費用較為便宜、施工難度低，不過缺點是金屬材質不易做出變化，視覺上也沒有那麼美觀，比較常見辦公大樓、公共空間採用這種做法，住宅空間仍以木作角材為主流。

結構材施工與細節注意

‧木作天花

| **Step1** |

以水平雷射抓水平線，接著用墨斗彈好做記號，然後沿著水平線使用釘槍固定角料。

| **Step2** |

施作天花板中間結構，同時針對接下來要固定的角料作記號。

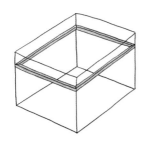

| **Step3** |

將角材組成Ｔ型的吊筋，以釘槍或火藥擊釘固定於天花板RC層，接著將主骨架與吊筋結合，慢慢拼組出天花板架構。

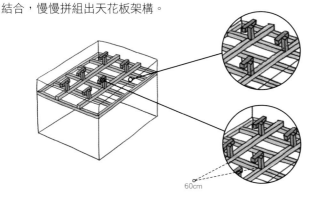

骨架一般都要配合封板材尺寸，目前主要多採用矽酸鈣板，普遍尺寸則為90×180×6cm。

吊筋距離最好不超過如60cm，最好每隔2根角料就要有一個木吊筋。因為間距過大板材會因本身重量下垂，產生波浪狀，甚至導致天花板板材掉落。

60cm

‧明架天花

結構材主要為Ｔ型鋼架，天花四周採用Ｌ型收邊料，吊筋同也是使用鍍鋅鋼絲。

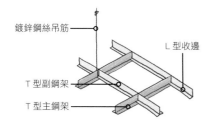

鍍鋅鋼絲吊筋

Ｌ型收邊

Ｔ型副鋼架

Ｔ型主鋼架

‧暗架天花

暗架天花結構組成與明架天花類似，只是最後板材是鎖在骨架上，和明架天花不同。

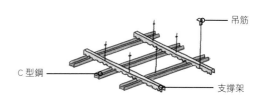

吊筋

Ｃ型鋼

支撐架

輕鋼架

| **POINT** |

施工簡單快速，變化性不大，無法做出更多造型。

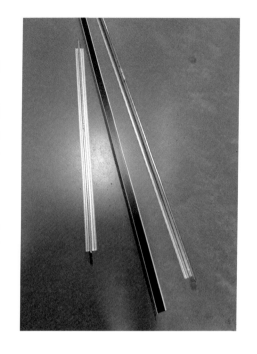

輕量化的鋼架（Light Steel），為了克服傳統鋼鐵件厚重及施工不易發展出來的金屬產品，雖然薄型輕量，仍保有金屬原有強度。

一般鋼鐵產品易有鏽蝕問題，若不經保護，便可能產生鏽蝕，所以輕鋼架在製作時會以熱浸鍍鋅處理，也就是將薄鋼板置於熔融的鋅液中，使其獲得一層金屬保護層，如此一來便可大幅提升防鏽防蝕性能與使用年限。

而由於被鍍構件不能大於鍍鋅槽尺寸，因此採用此製程完成的鐵件有槽狀長條外型特徵，一般便稱輕鋼架產品的原料為「熱浸鍍鋅槽鐵」，簡稱槽鐵、槽鋼。

輕鋼架常用來做為天花板、隔間工程的骨架，和木作天花相比，輕鋼架雖不易做出變化，卻不用像木素材一樣，擔心會有蟲蛀與甲醛含量問題，而且這些槽鋼已系統化，對於施工來說，組裝相當容易且快速。

當輕鋼架用於天花板工程時，會依骨架露出與否，區分為明架天花板系統及暗架天花板系統，明架天花板材不需固定，施工時更為便捷，但視覺上明顯不夠美觀，因而較常見於講究施工速度與費用的辦公大樓、倉庫等空間，暗架天花板材需用螺絲固定，表面看不見骨架，基本上天花若只是單純平釘，不做太多造型，其實可替代木作天花。

角材

做為天花結構主材料，選用時要注意建材本身支承力、咬合力及是否防腐。

將原木製成長條型的木材，這種建材通稱為角材或角料，尺寸規格很多，不過施工時普遍使用的尺寸為 1.2 吋 × 1 吋、1.8 吋 × 1 吋，全長角材其實並不常見，因為不利於施工，且使用長角材容易浪費材料、增加成本，除非有特殊需求才會使用較大支的角材或特別訂製。因材質和製程上的不同，角材可區分為柳安木角材、集層角材和 PVC 角材，目前居家裝潢大多使用咬合力較好的柳安木角材和集層角材，PVC 角材為塑料材質，比較適用於容易潮濕的廚房、浴室。

柳安木角材

屬實木角材，可分為紅肉、黃肉，以實木裁切加工製成，不需膠合所以不含甲醛，但原木加工時通常未經防腐、防蟲處理，易藏有蟲卵，因此完成後會進行泡藥，以達到防腐、防蟲目的。隨著健康、環保意識提升，現在多採用硬度高，比黃肉更為防蟲的紅肉角材，不過價格也比較高。

集層角材

製程與夾板類似，是由多片薄木板疊合，經膠合熱處理後，依需求裁成各種規格尺寸的長條型角材，品質好壞取決於原木種類、裁板技術、膠合劑比例及熱壓技術，日本製品質好，但價格偏高，市面上以大陸與台灣製居多。相對於實木角材，集層角材更環保，且價格較為便宜，因此漸漸有取代實木角材趨勢。

PVC 角材

又可稱為塑膠仿木角材、塑木角材，是由發泡 PVC 壓制而成，沒有任何木質纖維，有防蟲、不易變形，具抗腐蝕、抗酸鹼、無有害氣體等優點。目前泛用性不高，主要是因為 PVC 材質施工切割不易，且難以與其它木材、板材固定結合，會造成施工上的困難、成本增加。

表面材

是底材也是妝點空間的裝飾材料

當天花設計結構完成後，接下來便是進行封板動作，由於封板板材即是天花基底，材質的選用不只會間接影響到後續拼貼裝飾材、塗刷塗料，與懸掛燈具、掛飾等施工，建材具備的防火、防水功能性，更是關乎到居家空間的安全，因此在選用時，需謹慎挑選。過去最常用來封板的板材是夾板，因其可塑性高，可以因應設計做出各種造型變化，但材質為木素材，不具備防火功能，在注重居家安全前提下，便漸漸被有防火、防水功能的矽酸鈣板、石膏板等板材取代。

活用材質特性，是底材也是面材

過去居家設計天花多著重於造型變化，現今居家裝修則強調風格與個人特色，在確保建材的防火、防水功能外，市面上也相繼推出仿木、仿石材等板材款式，提供裝修時更多選擇，而這些已具備原始紋理、圖紋的板材，相當適合直接裸露不再做後續加工，藉由呈現板材原始樣貌，來增添空間元素，即使沒有誇張的造型設計，也能讓平淡無奇的天花，瞬間成為引人注目的視覺亮點。

表面材施工與細節注意

木作天花，板材直接固定在角料上。

預留的伸縮縫，先用 AB 膠填縫，之後再批土然後上油漆。

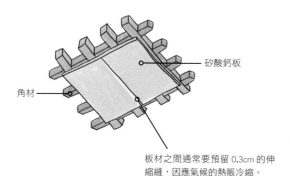

矽酸鈣板

角材

板材之間通常要預留 0.3cm 的伸縮縫，因應氣候的熱脹冷縮。

・明架天花

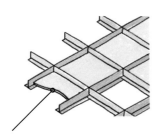

板材直接置入骨架，骨架會完全裸露。

・半明架天花

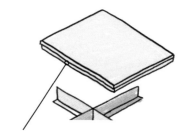

板材四邊有約 1cm 凹槽，板材鑲嵌在骨架時，骨架會被板材遮掩起來。

・暗架天花

暗架天花板材是直接固定在骨料上，但要採交丁方式完成，以免因震動而讓板材交合處出現裂縫，至於交丁間距則視廠商而定。

夾板

| POINT |

薄木片壓製而成，膠合時可能有甲醛，施作時應確實封邊，減少甲醛散逸。

夾板是由好幾層薄木片堆疊壓製而成，每張單板纖維方向相互垂直相交，並以奇數張的單板組合成一張合板，因此也稱為合板，依厚度可細分成 1 分夾板、2 分夾板等，目前市面上有多達 2mm 至 18mm 厚度可挑選，厚度不同價格也不同，裝修時應確認估價單標明使用的是幾分夾板，或明確標註使用夾板厚度，以免施工後有爭議。板材本身防潮、防水，且纖維方向縱橫交錯，擁有比木心板、實木更堅韌的強度，而由於纖維互相牽制，使之不易彎曲變形，施工時搭配角材、木心板來搭建室內牆面，再覆上表面裝飾材料，如壁紙、文化石或油漆等，是經常使用的裝潢手法，製作大理石檯面打樣或是水泥模板也經常使用。

礦纖板

| POINT |

產地不同導致價格和品質有較大差異，選購時需特別慎選製造產地。

礦纖天花板主要材料為高級岩綿，具防火、防水、耐用、花色多樣等特性，雖可防水

但效果不佳，所以並不建議使用於易產生水氣的區域，不過因其具有吸音特性，可有效降低噪音，讓環境達到良好的隔音效果。最常見搭配明架天花設計使用，且由於建材本身重量相當輕巧，施工簡單、保養容易，所以多使用在辦公大樓、學校、百貨商場等大型公共空間。

矽酸鈣板

易與類似但卻不防火的氧化鎂板混淆，要特別認清相關認證標章。

由石英粉、矽藻土、水泥、石灰、紙漿、玻璃纖維等材料，經過製漿、成型、蒸養等程序製成的輕質板材。具有優良防火、防潮、隔音、防蟲蛀、耐久性，重量輕施工方便，

但要特別注意勿與氧化美板混淆。雖說矽酸鈣板通常搭配木作天花或木作隔間做為底材使用，但其實矽酸鈣板有多種不同圖案款式，在追求獨特性設計的現在，也有人直接用來做為裝飾面材，不過矽酸鈣板本身支承力不足，因此不論是要在天花裝設燈具，或在牆面吊掛物品時，都應在吊掛位置以角材加固，以免直接裝釘造成板材毀壞。

石膏板

根據原料差異，著重功能也不同，不同區域應選用適用之石膏板種類。

石膏板是以專用紙包覆主要材料石膏而成，為了加強板材防火、耐潮等功能，會在原料中摻入輕質骨料、纖維材料、含矽礦物粉或有機防水劑；因有良好防火、隔音特性，重量輕且具可釘性，因此是居家裝修時經常使用的建材之一。不過在氣候乾燥的北美國家使用較為廣泛，對氣候上更為潮濕的台灣來說，由於石膏板耐潮性較差，使用上較不普及。石膏板根據原料的差異，硬度、防潮等功能也會有所差異，因此裝修時，可從板材強調的功能性，來選擇適合的石膏板類型應用於天花、牆面。

空間設計暨圖片提供｜明代設計

空間設計暨圖片提供 | 木介空間設計

燈具

不只照亮，更是製造氛圍的重要角色

居家空間主要照明空間來自天花，接著才會在牆面規劃壁燈，及可靈活移動的立燈、桌燈等燈具，因此天花照明除了決定空間夠不夠亮，同時也左右空間整體氛圍。空間照明依功能分成輔助照明與基礎照明，輔助照明，是用於加強局部空間照明，及製造情境氛圍，規劃數量與位置依需求靈活配置，常見輔助照明有壁燈、立燈，由於著重裝飾性，因此多選用與空間風格接近，造型好看的燈具，藉此呼應風格元素，同時達到點綴空間目的。

空間結合使用習慣更好用

負責空間照明功能的基礎燈明，一般多是規劃在天花，比較常見配置的燈具有吊燈、吸頂燈、嵌燈、軌道燈等，通常會依空間大小、使用習慣來做燈具的安排規劃。燈具的選用若是採用吊燈，除了原始屋高，要注意天花是否能承受燈具重量；而住宅空間經常使用的嵌燈，前置作業需和天花工程並行，線路、燈具數量、開孔位置都要預先規劃，如此才能在天花封板的同時，預留出裝置嵌燈位置。想在照亮空間之外，營造出多層次的光源與氛圍，可在照明規畫時，選用適當的燈泡種類，以兼顧功能與裝飾目的。

燈具規劃與細節注意

根據投射角度與方式的不同，照明方式可概分為直接照明與間接照明，適當的加以理解與活用，便可為空間創造豐富變化，同時滿足使用功能與心理感知需求。

·直接照明

當光線通過燈具射出後，約有 90% ～ 100% 的光線，到達需要光源的平面，藉此達到凸顯強調效果形成空間主角。

·半直接照明

直接照明還可細分為半直接照明，是指將半透明材質的燈罩，罩在光源上半部，讓直接投射在工作面的光線比例變少，部份光線透過燈罩擴散向上漫射，光線因此變得柔和。

·間接照明

光線不直接照向被照射物，藉由天花、牆面或地板的反射，製造出不刺激眼睛且較為柔和的照明效果。

·半間接照明

將半透明燈罩裝設在光源下方，讓大部份光線投射在天花板，光源再經過天花板反射形成間接照明，少部分光源則會透過燈罩向下擴散。由於大量光源投射在天花，可製造出挑高、延伸視覺效。

·層板燈（間接照明）

稱為層板燈或間接照明，做法是將燈管或燈泡設置在凹槽內，視覺上見光不見燈，空間看起來更俐落、美觀，需在進行天花設計時一併規劃。

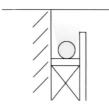

吊燈

最好依據空間條件與風格,來決定選用的燈具材質與造型。

採用鋼線、鏈、管或電線將燈具懸掛在天花板,比較常運用在客廳、餐廳這類空間較大的公共區域,外型上可搭配燈罩或者直接裸露燈泡,常見的造型有筒型、球型、枝型等,根據造型設計,可能使用單一材質,也可能混搭多種材質,可根據個人喜好與空間風格來做選擇,不過材質決定燈具重量,選購時應確認天花是否足以支承燈具重量。吊燈是從天花垂掛,因此對於天花高度有一定要求,屋高太低,視覺上容易失去平衡,且燈具過低也會阻礙視覺,光線更會讓人感到刺眼、不舒服。

空間設計暨圖片提供 | 木介空間設計

吸頂燈

燈具尺寸和空間大小有直接關係,可依據坪數來挑選適合的吸頂燈。

吸頂燈指的是整個燈具、燈座外露,以吸附方式安裝在天花的燈具,不論是原始水泥樓板,還是木作天花皆可安裝,安裝方式簡單,可自行購入燈具安裝。不同於吊燈,吸頂燈底部完全平貼在天花上,因此屋高不足或有木作天花設計的空間,很適合裝設這種燈具,藉此爭取更多屋高避免產生壓迫感。吸頂燈不像吊燈造型多變,常見的是圓型和方型,造型多利用燈罩搭配做變化,想想搭配居家風格,可從燈罩材質做挑選方向。

嵌 燈

| POINT |

大尺寸嵌燈燈明功能為主，小尺寸嵌燈可達到焦聚或製造空間氛圍目的。

也有人稱之為筒燈，這是藉由在木作天花開孔，將燈具嵌入孔內，讓燈具隱藏在木作天花裡，天花板看起來會相當平整，也能製造出空間簡約感。嵌燈尺寸可依功能及氛圍需求做選擇，開孔小的嵌燈，數量不用太多，即可呈現精緻高級質感，15cm 大尺寸嵌燈是泛光型基礎燈具，光照範圍比較廣，適用在亮度需求較高的寬敞空間。選擇嵌燈時要依照空間功能、氛圍情境來搭配不同種類嵌燈，避免同一種規格嵌燈使在全部空間中，目前居家最常搭配的是固定式嵌燈及可調角度式嵌燈。

空間設計暨圖片提供｜構設計

軌 道 燈

| POINT |

燈具藉由軌道可任意滑動，因此軌道排列是規劃重點。

將燈具嵌在軌道上，任意滑行至需要照明區域的燈具，主要是由軌道、軌道盒和燈具組成，相較於傳統燈具，可提供空間更多彈性與變化的一種燈具。軌道燈的軌道排列可以自由變化，比較常見的排列方式有平行、口字型、ㄇ字型還有 L 型，軌道除了安裝在天花，也可安裝在牆面、地面、樑柱等地方，燈具過去以聚焦型使用最為普遍，不過現在也推出與嵌燈一樣，可調整光線照射範圍的變焦型軌道燈。基於現在人對空間美感要求更高，亦有推出磁吸式軌道燈，視覺上更為簡潔美觀，拆卸簡單、便利，但要將軌道盒預先嵌進木作天花裡，所以需在天花設計時就做好規劃。

空間設計暨圖片提供｜工緒空間設計

空間設計暨圖片提供｜木介空間設計

木與白搭配，營造無壓視野

空間中央遇上大樑壓頂，不想直接裸露，全部包覆起來又會讓天花太低、有壓迫感，設計師遂以折中高度給予修飾，打造乾淨清爽的居宅視野，再將書房、廚房等次空間的天花板高度降低，隱藏冷氣、燈具、管線等，搭配溫潤木紋注入人文溫度。

空間設計暨圖片提供｜明代設計

凸顯樑柱營造大器的視覺亮點

本該是大器開闊的挑高空間，卻因為橫亙中央的樑與柱帶來沉重壓迫感，既然無法讓樑柱消失，設計師索性再增加一支樑修飾柱體，並將浴室刷上淺藍外牆凸顯樑柱的十字量體，反而造就視覺的亮點！同時，在橫樑上方專設軌道燈重點打光，放置屋主創作的粉紅小兵，營造裝置藝術般作品展示空間。

木作造型天花板修飾大樑銜接空間

由於屋主工作性質，空間必須結合工作室及住家需求，雙拼空間打通後延伸公共區域範圍，讓整個空間獲得寬闊感，然而明顯的橫樑會在視覺上分割空間，若整個包覆天花板則又會壓低高度，因此利用Ｌ型木作設計搭配間接燈光，無形中作為接續空間的修飾，同時自然弱化樑柱帶來的壓迫感，溫暖的木質也呼應整體空間的休閒氛圍。

空間設計暨圖片提供｜構設計

空間設計暨圖片提供｜都市居所

特殊塗料細膩表現水泥質地

屋主希望新居能完全跳脫舊家傳統木作的感覺，因此整體空間利用不同的白色材質營造清爽明朗的居家質感，地坪則鋪設灰色水磨石磁磚，呼應電視牆延伸到天花板水泥色調的特殊塗料，隱約的手鏝紋理為素雅空間增添細節層次，天地壁之間在白色與灰色材質協調搭配中傳遞當代極簡的寧靜氣息。

空間設計暨圖片提供｜庵設計

造型天花拉長空間景深

狹長型公寓運用兩道軸線引領視覺延伸，放大空間感受。第一道起始於造型搶眼的電視牆，幾何折面設計由壁面轉折至天花和餐廳中島，打造宛如雕塑作品的藝術質感；無獨有偶，天花另一道軸線則自和室向後，整合廚房排油煙機的收納設計，強化空間景深又不失個性。

樂土灰泥凸顯樑柱結構之美

空間以白色為基調，保持原始天花結構呈現舒適高度，裸露在外的樑與柱不刻意掩飾，選用樂土灰泥粉刷，彰顯自然粗獷感，映襯著溫柔雅緻的居家佈置，木質、大理石紋烘托點綴，即使管線外露也能創造典雅質感又不失質樸韻味。

空間設計暨圖片提供｜木介空間設計

空間設計暨圖片提供｜庵設計

英國藍點綴大樑成空間焦點

重新翻修中古屋，配合屋主期望保留部分天花結構重新整理、上漆，改以簡潔線條勾勒俐落質感，同步節省裝修預算。懸於廚房上方的大樑塗刷英國紳士藍包覆，猶如天花的腰帶貫穿整個天花板端底到牆面作延伸，下方開放廚房則運用重色壓底，襯托天花繽紛色彩，穩定視覺重量。

空間設計暨圖片提供｜工緒空間設計

刻意裸露展現材質原始美

延續空間裡的工業風元素，在裸露的天花鋪貼木質板材，刻意做出溝縫，以營造出粗獷鄉村質感，並選用深木色，對比留白牆面凸顯天花造型，也讓空間氛圍更顯寧靜沉穩，燈具呼應黑色鐵窗的工業風，同時搭配方型嵌燈，以此兼顧風格與基礎照明需求。

空間設計暨圖片提供｜木介空間設計

裸露天花以木紋修飾細節

40 坪空間中橫著許多大樑，如果做整片天花封板會讓空間太壓迫，設計師改以裸露的天花板型式，把管線直接噴白搭配局部木紋包樑，呈現出簡約的日式輕工業風格；為了讓空間增添更多細節，客廳軌道燈一樣使用木紋包覆燈軌，呼應空間木紋元素，增添人文溫度。

造型天花輔以光源設計隱藏天花樑

僅有 12 坪空間在進入客廳天花板又有一道大樑，使得小坪數在設計上有諸多限制和挑戰，為了盡可能保留天花高度不受樑影響，設計上不做全室包覆只做局部造型，利用矽酸鈣板噴漆創造三角斜面屋頂巧妙包覆大樑，輔以間接光源營造陽光灑落的溫暖感覺，純白色統整了色感，創造放大空間的視覺效果。

空間設計暨圖片提供｜構設計

空間設計暨圖片提供｜明代設計

配合橫樑規劃天花造型

樑柱扮演支撐建築結構的重要角色，卻也容易破壞美感，讓許多人想盡辦法要隱藏它。但這一次，設計師選擇把臥房上方的橫樑融入造型一部份，規劃立體對稱的天花造型，弱化橫樑存在感，並將線性設計概念延伸至床頭主牆，呈現簡潔明亮的視覺風格。

從功能面上來說，天花板可以用來修飾樑柱、隱藏管線，讓空間更加乾淨平整；從設計面來說，它也可以豐富空間造型和燈光計畫，但天花板也會壓低空間高度，可能產生壓迫感。

近年來有許多人偏愛裸露式天花，既能節省預算、方便維修，也不會壓縮室內高度，創造更舒適的空間感。但明管設計容易顯得雜亂，還有落塵問題需要考慮。所以天花板到底有沒有必要做？並沒有標準答案！設計師建議可從以下幾點考慮：

・空間高度：
一般建議天花板高度在 260 ～ 280cm 以上，最低不小於 240cm 是比較舒適的高度；如果屋高較低，不妨直接裸露天花或局部封板整合管線配置，避免產生壓迫感。

・裝修預算：
天花板施工愈複雜，造價愈高；若預算有限，建議可以簡化天花造型或裸露天花，把預算用於壁面和櫃體豐富使用機能和視覺風格。

・設計風格：
室內風格不同，天花板造型需求也不同。如：工業風和 Loft 風適合走明管，古典風融入線板語彙，現代風格則強調俐落感。

・燈光計畫：
嵌燈、吊燈、線燈、投射燈、軌道燈……室內燈光的佈局、燈具選擇也與天花造型息息相關。

・空調設備：
包含冷暖氣機、全熱交換系統等，吊隱式機型必須整合在天花板造型中；窗型或壁掛式的機型需獨立放置，方便維修但美觀性略差。

・消防管線：

通常出現在車庫、地下室，以及住商混合或 11 層樓以上的建築物，包含消防灑水頭、排煙器等，配合天花造型可能需要移位或調整高度。

※如果是高度在 50 公尺或樓層在 16 層以上的高層建築物，整棟都需要裝設自動撒水設備

空間設計暨圖片提供｜木介空間設計

裸露天花並將天花管線一致塗刷成白色，呈現整齊、乾淨的視野，客廳軌道燈包裹木紋呼應空間木質元素，讓居家看似隨性中又不失精緻感。

2

天花板裝修預算應該怎麼抓？
會產生哪些費用？

天花板預算通常會以「坪數」計算，根據不同材質、工法、造型設計等，費用會有所差異。目前大部分住宅都以木作天花板為主，最基本的平釘式天花板 1 坪約 NT.3,000 ～ 5,000 元，造型天花板價格則落在每坪 NT.4,500 ～ 10,000 元都有，根據選用的材料、施作面積、施工難易度等，價格會有所差異。

在上述的基本費用之外，如果還需要拆除舊有的天花板、油漆、開孔等，都會產生額外費用，而不同光源愈多，像是嵌燈、壁燈、線燈、吊燈等，燈光迴路數量增加，裝修費用也會不斷疊加上去。

此外，現代建築法規對於建築消防配套都有嚴格要求，如果是住商混合或11層樓以上的高樓層住宅，通常在規劃天花板時，還會有消防設備移動或調整高度的需求，像是瓦斯警報器、排煙器、消防撒水頭等，也會有相應的費用產生。請注意，消防設備的調整牽涉到建築安全性，務必交由專業的消防設備師來協助調整，切勿自行隨意移動喔！

圖片設計暨圖片提供｜庵設計

消防法規規定11樓以上的建築都需要設置自動撒水系統，不能隨意移動位置，但可在一定範圍內縮減它的高度，約10 ～ 30cm，依區域不同有所不同。

天花裝修費用表

項 目	費 用
平釘天花板	約 NT.3,000 ～ 5,000 元／坪
造型天花板	約 NT.4,500 ～ 10,000 元／坪
拆除工程	約 NT.1,200 ～ 1,500 元（不含清運）
油漆工程	約 NT.800 ～ 2,000 元／坪（依漆料不同有所差異）
開孔（燈具出口）	約 NT.120 ～ 500 元／個（不含燈具）
新增燈具專用迴路	暗管：約 NT.1,300 ～ 2,000 元／式（不含燈具、燈具安裝費）
軌道燈	約 NT.250 ～ 300 元／米（不含燈具）
燈具分切迴路	約 NT.1,200 元／式
消防偵測感知設備移位／安裝	約 NT.400 ～ 800 元／組（不含設備更新和幹管移位費用）
消防撒水頭延伸或縮短	約 NT.1,200 ～ 1,800 元／處

3

天花裝修有哪些工法？
木作天花板和暗架天花板差在哪裡？

在台灣絕大多數住宅都是使用「木作天花板」，它是利用骨材（骨料）去搭建骨架支撐，再蓋上天花板材進行封板，隨後批土整平、上漆。木作天花板的可塑性比較高，根據需求也可以增加窗簾盒，或與壁面造型做延伸設計，讓整體裝修更有一致性。

而所謂的「暗架天花板」則是一種輕鋼架天花板，過去多半被使用在商業空間，近年來也有些人會將其使用在住宅裝修中。暗架天花板的作法是先利用ㄇ型鋼去搭建輕鋼架的骨架，再將石膏板或矽酸鈣板利用螺絲直接鎖在骨架上進行封板並批土上漆。

暗架天花板的好處在於價格便宜，以最基本的平釘天花板來說，木作天花板每坪約 NT.3,000 ～ 5,000 元，暗架天花板每坪只要 NT.800 ～ 3,000 元，依施作面積和角材板材有所差異。換算30坪室內空間，暗架天花板最多能省下超過10萬元預算，相當可觀。不過暗架天花板可塑性比較低，一般只能平釘，少部分工班可施作簡單的斜面造型，但細節處理仍不如木作天花板精緻，故在住宅裝修上，還是以木作天花板的使用更廣泛。

空間設計暨圖片提供｜庵設計

暗架天花板比較難有造型變化，即使是簡單的斜面造型，可見於轉折處的縫隙仍比較大，必須靠後續的油漆批土來掩蓋。

空間設計暨圖片提供｜明代設計

木作天花板變化性大、施工方便，目前仍是台灣住宅天花板裝修的主流工法。

4

天花板材怎麼挑？

有需要特別考慮防火、防水問題嗎？

天花板材料分為二大類，一是骨材（骨料），二是表面板材。雖然目前沒有相關法規要求住家的天花板材一定要使用防火建材，但基於居住安全，仍建議使用防火材較好。

·骨材（骨料）：

常見的骨材有柳安木的實木材或集層材、塑膠仿木角材（塑膠環保、環保木）等，以集層材的可塑性比較高、不易變形，最常被使用。而在安全性上，柳安木和集層角材都有進行防腐處理，可觀察骨材兩端是否塗上綠色或紅色；至於防火塗料的部分，有現成塗佈好的骨材，也能自行塗抹。

·表面板材：

常見的有矽酸鈣板、石膏板、夾板、PVC 板、礦纖板、實木砌口板、鋁砌口板、塑鋁板等。目前台灣住宅天花板材以矽酸鈣板為主流，它是由無機質材料所組成的防火建材，有極佳的防火、耐燃、抗潮、隔熱和隔音效果，並且材質穩定性高、不易變質，依預算和需求可選擇國產或日製板材。

此外，有些人也會使用石膏板，單價較低、穩定性也不錯，但石膏板質地比較脆，容易因碰撞而出現裂痕，大部分仍被使用於商業空間居多；而夾板（合板、膠合板）易燃、不防火，雖有很好的彈性和韌性，卻不建議使用。

天花板在搭建好骨架之後，會先覆蓋上板材封板，再進行表面的批土上漆，一般建議使用防火材較為安全。

空間設計暨圖片提供｜朋代設計

天花板造型有哪些設計手法？

目前在住宅規劃中，較常見的天花板形式大致有四大類型：

· **平釘天花板**：天花板裝修中最基本的施作方式，可以把家中所有的管線、樑柱通通隱藏在平整的天花板內，讓空間更有整體感，又稱為平頂天花板。

· **局部封板和包樑**：選擇性把想修飾的樑柱，或需要收納的管線、吊隱式冷氣等，整合規劃在局部木作封板中，其他區域留出寬敞的空間高度，節省預算，也讓空間更有層次感。對於屋高較低不適合全室封板，或預算不足又想修飾管線樑柱的屋主來說，局部封板和包樑是很好的選擇。

· **裸露天花板**：直接將全室燈具、電線等，通通裸露於天花板採取明管設計，不會壓縮屋高，讓空間看起來更寬闊，並且方便日後維修。天花表面可以批土整平或保留泥作原始結構，再使用油漆粉刷換色凸顯設計感。

· **造型天花板**：透過弧形、線板、格柵、幾何折面等不同造型與材質的堆疊，區隔空間、化解樑柱稜角、隱藏管線和空調，還可以加入間接照明或設計燈飾，加乘空間設計感，營造吸睛風格！

空間設計暨圖片提供｜木介空間設計

天花不做包覆延伸空間高度，並整合樑柱結構和窗簾盒刷上灰色樂土呈現整潔一致的視覺感，跳脫過往裸露天花板的粗曠印象。

6

假如預算不高，還可以做天花板嗎？

雖然裸露式天花可以節省裝修預算，卻不是人人都能接受明管設計，即使將管線拉整仍無法像封天花板這麼乾淨，並且裸露管線也更容易積灰塵，所以有許多人還是希望簡單做個天花板，創造整齊清爽的空間感受。

在預算有限的狀況下，設計師建議可以簡化天花板，把預算回歸立面設計營造視覺焦點和豐富的使用機能。譬如，運用基礎的平釘天花板搭配嵌燈烘托簡約氛圍；或是採取局部封板和包樑增添造型變化，既能把想要隱藏的樑柱和水電管線進行整理，還可以減少木作面積降低裝修費用。

而有些新成屋在交屋之前，建商就做好簡單的天花封板了，只要配合室內風格直接運用油漆塗料來換色，就能呈現不同質感；此外，視情況可以使用暗架天花板，也有助於省下不少預算喔。但設計師提醒，天花封板雖能整合照明、空調、美學設計等多種機能，但未來想要補強管線或維修會比較困難，故在施作時，最好能預留維修孔以便日後使用。

空間設計暨圖片提供｜庵設計

在預算有限的狀況下，把冷媒管、給水管、電線等基本管線，收整於空間兩側的天花板內，加入間接燈光烘托簡約空間感，也增加造型變化。

7

如果空間條件不適合做天花板，有什麼方式可以美化？

在規劃住宅空間時，一般建議客廳高度要在 280cm 以上，次空間像是餐廳、廚房、臥房、玄關等，空間高度至少要在 240cm 以上，使用上才不會有壓迫感。而目前台灣住宅平均屋高大多落在 280～300cm，有些屋高更低為 260cm，如果再加上天花板裝修，室內高度又會再降低 10～50cm，很容易讓空間感覺狹窄而有壓力。

面對屋高不足的狀況，許多人會乾脆不包覆天花板，將水電管線直接裸露出來，讓空間看起來更寬闊、造型感也更強烈一些。在設計上，可以運用油漆塗料把天花管線塗刷成一致色彩，呈現相對整齊的空間感；或是利用跳色手法凸顯管線存在感，塑造它們成為空間亮點！如果不想要把管線全部裸露出來，也可以配合樑柱位置去做局部包覆天花，巧妙修飾突兀的橫樑，並隱藏吊隱式冷氣、比較雜亂的管線等，達到相對完整的屋高和寬敞感受，也不會因為太多管線外露產生凌亂感，雖然整體看來沒有全室木作天花那麼平整，卻更加有型有款、更設計感。

除了這兩種作法，也可運用顏色勾勒凸顯或修飾樑存在感，進一步美化空間視野。如果擔心明管設計容易產生落塵問題，視空間大小和預算可以安裝全熱交換器，排出室內汙濁空氣，並將新鮮空氣引進室內，維持室內的空氣品質。

空間設計暨圖片提供｜木介設計

橫樑表面包覆木皮讓它融入天花板造型的一部份，並延伸至窗簾盒的設計，創造整潔一致的空間風格。

空間設計暨圖片提供｜明代設計

利用開放格局搭配裸露天花板，盡量讓室內空間開闊寬敞，餐廳上方配合大樑高度設置隔柵隱藏吊隱式冷氣，構築乾淨視野又不會影響屋高。

在天花板完工之後，感覺表面不是很平整，問題出在哪裡？

通常是因為施工不當或建材才會引發這類狀況，常見原因有以下幾種：

・**狀況 1**：木作天花板的角材太濕、角材或板材變形等，但現代多以集層材取代實木角料，已很少見。

・**狀況 2**：天花板批土不夠均勻平整，或油漆塗刷厚薄不一而產生刷痕、波浪紋。

・**狀況 3**：木作天花板的板材之間沒留「伸縮縫」，因氣候熱脹冷縮，板材受到擠壓而形成小面積的波浪、崎嶇不平。

・**狀況 4**：暗架天花版在鎖上矽酸鈣板鎖時，力度不一，造成大面積的波浪狀痕跡（住宅少，較常見於大型商業空間）。

設計師提醒，除了少部分特殊情況或牽涉到安全性的問題，否則天花板在完工之後，一般不會拆掉重做，只能利用油漆批土或燈光調整，盡量掩蓋天花板的瑕疵。因刷具容易留下刷痕，建議可再使用滾輪或噴塗來上漆。

此外，批土打磨過程會產生大量粉塵，建議在燈具安裝完畢、細部清潔之前，可先以燈光照射天花板檢查，確認表面均勻平整，沒有問題再統一清潔即可。

空間設計暨圖片提供｜庵設計

天花板裝修最怕一打上燈就「見光死」，立即凸顯表面施工不平整問題，只能重新批土打磨和整平，施作次數依問題嚴重程度而定。

樑柱的量體太大、位置尷尬，要如何化解？

不論是老屋或新成屋，多少都會看見樑柱橫越空間的狀況，破壞視覺的寬敞感受。但如果想直接用平釘天花把所有樑柱藏起來，不只預算不低，也容易在無形中形成壓迫感。除了善用格局配置將樑柱安排於廊道空間或櫃體上方，面對空間中的突兀大樑，還可以有兩種設計方向：一是去修飾、弱化它；二是去凸顯它，讓它成為空間亮點。

修飾樑柱的手法有很多，比較常見的像是設計高低差、對稱造型、降板或弧形線條等，把樑柱融入天花造型的一部分，藉此削弱它的突兀感；或者也可以運用色塊、燈光、布簾等元素裝飾在樑柱周圍，轉移視線焦點，進而忽略大樑的存在。

當然，你也可以反其道而行，透過裝飾手法把樑柱塑造成視覺焦點，不用遮樑也不會顯得壓迫！舉例來說，裸露式天花利用漆料去凸顯樑柱勾勒結構之美，強化空間風格也能區隔不同場域的使用範圍；或是運用裝飾藝術手法，延樑點綴和打燈，讓礙眼大樑化身美麗端景；視情況，甚至增加一支假樑或假柱去豐富空間造型，都是可以嘗試的方法。

空間設計暨圖片提供｜木介空間設計

餐廳上方有一支大樑穿越，如果全部包覆可能會讓空間太壓迫，設計師遂以圓弧形設計來修飾樑柱銳利直角，襯托柔和空間感。

10

老屋、中古屋、新成屋，天花板裝修重點是否不一樣？

現代房價高漲，許多人會捨棄新成屋轉而尋找價格相對親民、公設比較低的老屋或中古屋來翻新改造，但也因為屋況不同，在裝修時的預算分配和重點也會有所差異，而在「天花板」的裝修重點也很不一樣。

通常新成屋的格局變動不會太大，加上建材設備都是新的，設計預算相對寬裕，可以將更多預算花費豐富機能或天花板造型上；如果是 10 年以下的中古屋，不一定要更換水電管線，可以評估原有裝修的狀態，選擇要把整個天花板拆掉重作，或保留部分舊天花進行改裝以節省裝修預算。

而 10 年以上的中古屋或老屋，基於安全考量一般都會建議水電管線全部重作，尤其老屋更幾乎是全部打掉重練，當然，連天花板也是！光是基礎工程就會花費掉大量預算，留給天花板和木作的預算就更少了。

除了上述狀況，過去也曾出現「海砂屋」的狀況，必須尋求專業協助處理；此外，有些屋主為了讓房子更好出售，會先裝修來掩飾空間的缺點、壁癌等，或使用劣質板材、夾板搭釘天花板，造成安全性的疑慮也必須小心。

早期有些廠商會使用氧化鎂板來冒充矽酸鈣板，但氧化鎂板容易受潮變形，故在許多中古屋可見在天花板出現裂縫、水痕。

空間設計暨圖片提供｜庵設計

11

想在天花拼貼不同材質或做造型天花，
應該怎麼挑選？

大多數設計師在規劃天花板時，都會盡可能保留更寬敞的面積，讓視覺感受更加舒適；但是平釘天花總不免有些單調，這時可以透過適當的立體造型和材質拼貼，豐富視覺的變化性，也可以修飾樑柱或延伸空間動線。

常見的造型天花板像是局部降板、格柵、線板、不規則幾何切割或圓弧形的天花板等，此外，在古典風格的住宅中，也有些設計師會去利用井字假樑增加天花變化性，修飾橫樑並暗藏間接照明，設計的變化性相當多。不過天花板造型愈複雜、加入愈多燈光設計，裝修成本也愈高，從每坪 NT.4,500 元到單坪破萬元，在規劃上預算和功能需求都是考量要點。

除了去調整天花板造型，也可以運用材質來妝點風格，常見的素材像是自然百搭的木素材、質感時尚又能放大空間感受的鏡面材質、兼具照明與造型的燈條、燈帶等，都是天花常見的裝飾材質，可配合空間的使用需求和情境。

空間設計暨圖片提供｜木介空間設計

延續空間木元素包覆天花表面，引導視覺往上延伸，並巧妙安排於燈光錯落的斜板造型，同步整合影音投影設備，簡單、機能滿分！

吊隱式冷氣和壁掛式冷氣該如何選擇？對天花造型有什麼影響？

天花板設計不只要考慮管線、樑柱和屋高，還要思考到空調設備的安裝高度、尺寸、電源線、出風和回風的管線佈置等，都需要在正式釘天花板之前就做好詳細規劃，否則完工後較難以維修和重整。

吊隱式空調設備的好處是可以融入天花造型，讓整體視覺比較美觀和開闊，還可以整合燈光設計、隱藏消防管線，不論是全室平釘或局部包覆天花，只要稍微犧牲個 10 幾公分就能獲得很大效益，受到許多人喜好。通常會安裝在餐廳、走廊等次空間，讓主要空間仍維持舒適高度，依需求也能裝設吊隱式除濕機、全熱交換機。但是吊隱式冷氣的單價較高、難以自行清理，室內外機都必須請廠商定期保養，並且冷氣功率較高，噪音也相對大，所以有許多人還會選擇安裝壁掛式冷氣。

而壁掛式冷氣的好處在於方便維修和保養、單價較低、不會壓縮到空間高度，且屬於分離式空調（有一對一和一對多兩種形式）運轉起來相對安靜。但在規劃上，無法完全隱藏冷氣量體，整體視覺沒有這麼乾淨平整，一般會安裝於長邊牆面，讓冷氣可以更均勻吹散於全室。

空間設計暨圖片提供｜庵設計

在設計階段可以先跟屋主確認壁掛式冷氣的機型和擺放位置，規劃冷氣盒美化視覺，並預留室內機回風空間（約 10cm）。

13

燈光設計是不是一盞就能照亮空間？
如果不是要怎麼配置才對？

燈光設計是一件很主觀的事，有些人喜歡「均亮照明」，燈光簡單明亮、沒有暗角；有些人偏愛「重點式燈光」，透過多樣化光源強調出空間的局部重點，甚至點綴一些裝飾性燈光來烘托空間的氛圍層次。如果不知道從何著手，建議先找出家中各場域的「主要需求」，再開始佈局燈光的照度、流明、色溫、燈光迴路和燈具選擇等，標準因人而異。

譬如，餐廳的主要需求通常是「在餐桌上吃飯」，可以利用吊燈把燈光聚焦於餐桌上，搭配柔和暖光增添食物色澤並促進食慾；而臥房重點在於「睡眠」且「視線是往上的（一般區域是平視）」，一般會減低燈光的色溫和照度，天花板避免有燈光直射，改以間接照明或床頭壁燈、吊燈來營造舒眠氛圍，也避免對視覺造成壓力。

其次是燈光的迴路，依需求也會有所增減。假設你只要求空間「夠亮就好」，或許規劃２、３個迴路就足夠了；如果想要「有氛圍的燈光」就必須增加燈光迴路，以及壁燈、立燈、間接燈等不同層次的光源，依照使用情境來切換光源。

如果預算充足，也可以安裝智能照明系統或智能燈管，連結手機APP控制系統就能靈活調節燈光的亮度、顏色，甚至把燈光分組管理，輕鬆控管居家照明狀態。

空間設計暨圖片提供｜明代設計

配合客餐廳的使用需求不同，利用筒燈、吊燈、間接照明等，給予不同形式打光。

14

對應空間坪數大小，如何安排燈光才不會太亮或太暗？

「光」是居家設計相當重要的一環，不論太亮或太暗都會影響居住品質並損傷視力，但燈光該如何安排才恰當？這就牽涉到「照度」和「亮度」的問題了。

「照度」係指被照體單位表面積所接受到的光通量，以 LUX 為單位。受到距離和光線角度的影響，同一光源在不同位置的照度也不一樣。一般建議住宅的照度在 100 ～ 300lux 之間，書房桌面約 500 ～ 750lux，可利用檯燈、立燈等加強局部照明。雖國家標準 CNS 也有照度的相關規範，但主要是針對學校、醫院、商業空間等公共場域的；私人住宅還是以個人可以「清晰看見周遭事物」為重點。

「亮度」係指發光體或反光體表面所發出或反射的光，被眼睛感知到的強度，以 LM（流明）為單位。受到環境和材質反射率的影響，同一光源在淺色空間、亮面材質的亮度較高，霧面材質或深色空間的亮度則比較低。以屋高約 3 米的一般住宅空間來説，客廳的建議亮度為 1000 ～ 1500lm ／坪；臥室、書房、閱讀室的全室亮度約 700 ～ 1000lm ／坪即可，書桌或閱讀區的亮度為 2500lm ／坪，可配置檯燈或立燈來提升局部，滿足學習和閱讀時的照明需求，也減低空間耗電量。特別提醒，年長者因為視力退化，對於光線調節能力變差，建議在年長者活動範圍內，提升空間亮度和照度，以策安全；而且 LED 燈會有光衰（因使用時間效能遞減）或部分業者會把亮度數值灌水，在選配時也要注意。

於書桌上方木層板藏入整排燈光，補足閱讀區的照明亮度兼顧簡潔視覺。

空間設計暨圖片提供｜木介空間設計

什麼是燈光的色溫？

所有空間色溫都一致，還是應該配合不同空間做調整？

不只是燈具造型和亮度，光的溫度，也會在無形中影響我們的情緒！所謂「色溫」係指黑體金屬（鐵、鎢等）輻射光的顏色溫度，色溫愈低，光色愈偏紅，給人感覺柔和溫暖；色溫愈高，光色愈偏藍白，看起來比較明亮清冷，有助於提升注意力。

雖有許多人會習慣用顏色來區分光源，但各家廠商對「光色」的定義不一，容易產生認知誤差，所以在設計上建議以「色溫（K，Kilvin）」來溝通比較準確。目前市售照明產品色溫約從 2700 ～ 6500K，住宅主要使用 2700 ～ 3000K 左右，可以配合使用情境、個人喜好自由調配燈光色溫，烘托不同場域氛圍。

譬如，臥房燈光一般會採用 2700 ～ 2800K 來提升柔和睡眠氛圍，而客廳則會使用 3000K 暖白光營造溫馨放鬆之感。如果家中有年長者，可直接改用（或局部加強）4000 ～ 5000K 趨近自然光的色溫來提升空間的明亮。

當然，你也可以在同一區域結合二、三種不同色溫的光源，像是在書房全室使用 3000K 的均亮燈光，再加上 5300K 以上的冷白光用於檯燈、立燈或層板燈，提供工作或學習時使用，並提升專注力。

此外，天地壁的材質顏色也會影響燈光呈現的感覺，譬如，偏黃的米白色牆再配上暖黃光，反而會讓空間看起來太黃、不舒適，這時就建議把牆面改以暖白色來平衡空間的色感、改善問題。

項目	色溫（K）	光色質感	適用空間
蠟燭	1850～2000K	暖色光 （3300K 以下） 給人溫暖、柔和、 放鬆之感	客廳、臥房、飯店
鎢絲燈（白熾燈） 常見色溫	2700～2800K		
黃光日光燈、鹵素燈 （石英燈）常見色溫	3000K		
廣播室「CP」燈	3350K	中性光 （3300～5000K） 光線柔和、舒適、 明快。	
演播室檯燈	3400K		
月光、淺黃光日光燈	4100K		醫院、飯店、餐廳、 會議室等
自然光（日光）	5000K		
平均日光、電子閃光 （依廠商而異）	5500K	冷光（5000K 以上） 接近自然光，光感明 亮、清冷，有助於集 中注意力	
有效太陽溫度	5770K		書房、辦公室、 教室、圖書館等
氙弧燈	6420K		
白光日光燈常見色溫	6500K		
電視螢幕（模擬）	9300K		

16

燈具不只提供室內必要的照明功能，還可以裝飾空間氛圍；而吊燈、嵌燈、軌道燈都是現代住宅裝修的主流燈具，不同於傳統日光燈，它們更加省電，也更有設計感。

嵌燈發出的燈光平均度最高，尤其是具有導光板的平面嵌燈散光更均勻，經常被使用在客廳、書房等主要區域，營造簡約乾淨的視野、沒有暗處。

軌道燈、投射燈與嵌燈恰好相反，二者都是屬於聚光型燈具，可以強調出特定區域的重點，在空間產生明顯的光與影。雖然現在軌道燈也有散光燈具，但效果仍比不上嵌燈，若想達到全屋均亮，燈具排列需要非常密集，目前只在部分商業空間可見，較不適合用於住宅空間。

而吊燈的造型裝飾性比較強烈，通常被使用在餐廳、吧檯、床頭等區域，營造燈光的情境氛圍，也是室內風格的延伸。規劃上，若你不喜歡居家有暗處，可採取水平對稱的燈光佈局，讓光線均勻投射於整個空間；反之，你也能運用分散式佈局讓光影有疏有密，增添「光」的活潑感，或是縮減天花板燈具數量，搭配檯燈、壁燈、立燈等不同高度的照明，營造飯店般的放鬆氛圍。

空間設計暨圖片提供｜木介空間設計

在凝聚一家人情感的餐廳給予不同形式的光源，打亮溫馨用餐氛圍，並特別以軌道燈投射於牆面相框，塑造空間端景。

17

天花的間接照明設計，大約有哪幾種形式？如何預估費用？

間接照明是透過反射或折射手法將光導出，從外觀不會直接看見燈具，所投射出的光線均勻柔和，不只可以補充空間光源、在天地壁建構光影層次，還能修飾大樑讓空間看起來更加輕盈無壓，常見於客廳、臥房、餐廳、廊道等。原則上，間接照明可以用於四面八方，屋主們可根據需求運用柔美的間接光替代直接光，常見的規劃手法有三種：

1. 由天花板往上或往下打的間接燈光（也就是我們常説的層板燈）。
2. 用於天花、牆面或地面的引道設計。
3. 利用投射燈或壁燈於牆面投射出迷人光影與補光。

費用的部分，局部層板燈以「尺」計價，每尺約 NT.350 ～ 450 元；平釘天花加上層板燈、中降式間接照明天花板都是以「坪」計費，每坪約 NT.2,700 ～ 3,500 元，若做造型變化則費用更高。

過去間接照明只有日光燈管一個選擇，需要預留較寬的燈槽，造型變化性有限；現代的 LED 燈管、燈條、鋁條燈等，燈具形體已經輕薄許多，甚至鋁條燈還能直接裸露，快速凹折排列出不同造型，賦予燈光更多變化性。

空間設計暨圖片提供｜庵設計

為了營造良好睡眠品質，臥房採取柔和的間接燈光兼顧照明，塑造一種安定與舒適氛圍。

18

在吊燈的挑選上，除了注意燈具造型，材質是否也要依據空間風格做選擇？

吊燈可以提供空間足夠光源，還能點綴氛圍、塑造視覺亮點，幾乎是現代住宅中餐廳的必備燈具！在吊燈款式的選配上，可以從現有裝修元素去延伸吊燈的造型、材質、色彩等，勾勒和諧一致的畫面；或者運用鮮明對比的手法，讓吊燈凝聚空間亮點。

常見的吊燈材質有鐵件、黃銅、玻璃、水晶、木、紙、石材等，皆有不同溫度和紋理，如：日式禪風可使用紙籐編織的吊燈烘托恬淡氛圍；奢華的新古典風格總少不了一盞精緻水晶吊燈；金屬材質和幾何線條設計定調現代主義的新穎與前衛；還有 moooi 的 Paper Chandelier 則是透過現代化材質和工藝技術，成功把古典燈飾轉變為現代設計語彙的經典案例之一。

除此之外，配合不同場域還要調整吊燈的照度、色溫、垂吊高度和比例尺寸等。以一張 200cm 的餐桌為例，很適合配搭 2 ～ 3 盞吊燈，燈具直徑大約在餐桌寬度的 1/3 ～ 2/3，懸吊在餐桌桌面上方約 75 ～ 90cm 的位置，可以有高低變化。

而吊燈的功能定位也很重要，如果空間中有其他光源提供場域所需亮度，吊燈可以裝飾性功能為主；但如果沒有輔助光源，就需要考量這盞吊燈的照度和亮度了。

空間設計暨圖片提供｜木介空間設計

餐廳配置 2 盞 Favourite Things 吊燈，讓屋主在燈罩內放置自己的心愛小物，結合照明和展示收納的功能，輕易營造獨特又充滿設計感的空間端景。

19

聽說燈泡也有紫外線問題，怎麼選擇無害且環保的燈泡？

許多防曬品都強調「室內也需要防曬」，因為日光燈或省電燈泡也會散發紫外線光，長期照射還是會讓皮膚變黑，那想要避免這樣的狀況，該選哪一種燈具才對？

其實，對於燈光的安全說法很兩極，一般常被點名的有可能產生紫外線疑慮的是日光燈管、省電燈泡、鹵素燈等，但也不用太緊張，一般市售的鹵素燈會在玻璃塗上一層抗紫外線的鍍膜；日光燈的玻璃燈管露已經阻絕掉大半紫外線了；而省電燈泡則可以加裝燈罩避免燈泡直接裸露在外。

若想更徹底杜絕紫外線的可能，也能使用間接照明讓環境光用反射方式來照明，滿足亮度需求，也能化解燈光可能是仿紫外線光的疑慮喔！

20

智能照明系統有哪些優勢？如果預算不足有其他替代方式嗎？有必要安裝嗎？

智能居家是未來裝修的重要趨勢，而「智能照明系統」其中之一，訴求結合高效率燈具和自動化控制裝置將居家照明進行整合，提高能源效率，並增加燈具使用的便利性和安全性。

透過智能照明系統，屋主可以透過手機 APP 控制系統來調節燈光的顏色、色溫、亮度，還能將燈具分組操控，營造靈活多樣化的使用場景，甚至與語音、門鎖、窗簾等其他智能居家產品進行連動，實現智能家居體驗場景。

如果預算有限又想要有類似智能燈光的效果，也可以直接購買智慧燈具，如：Philips Hue 智能燈具系列，一樣可利用手機 APP 來調整燈光顏色，相對便宜，又可以創造風格轉換。而少部分燈具可以加上調光器，但燈具型號有所限制，購買前建議先確認清楚，方便依需求自行調整燈泡亮度。

Chapter

\ 2 /

地面建材

在居家空間裡，地面是每天都會踩踏的區域，除了要符合空間風格與視覺美感，做為最常使用與清潔的區域，更著重實際使用面向，地面材質是否硬固、清潔是否容易，這些功能性需求，都是在選用建材應該要重點注意的事項。

可快速型塑空間風格調性

地板佔據了居家空間最大面積，因此依據使用的建材種類，便能快速決定空間主要調性，挑選建材時，可先從風格聯想，像是普遍受到喜愛的木地板，讓人第一眼就有溫暖感受，原始水泥展現的則是粗獷、不拘小節的工業風，石材類建材，依據使用石材的種類，可打造出奢華亦或質樸自然的居家空間。地面材質不只是空間風格基底，相對於天花和牆面，居住者使用與接觸頻率也更高，踩踏是否舒適？清潔是否便利？都是風格之外，實際生活中需要重視的問題，因此為了兼顧美感與實用性，很常見在一個空間裡，依不同區域使用需求，混搭一至二種地面建材。

使用建材

種類	特性	常用建材
木地板	賦予空間溫馨感，踩踏起來舒適，但不適合使用在環境潮濕的區域。	實木地板、海島型木地板、超耐磨木地板、PVC塑膠地板、石塑地板
磁磚	使用最普遍，除了種類、花色多元，可搭配不同填縫劑做變化。	拋光石英磚、仿石紋磚、木紋磚、花磚、六角磚、復古磚、陶磚
石材	完美呈現石材紋理，打造接近無縫地面，製造出空間大器質感。	大理石、花崗岩
水泥	可展現宅寂、極簡等獨特空間氛圍，無縫地坪相當易於清理。	水泥、磐多魔、優的鋼石、萊特水泥
收邊材	用來做為地板介面收邊，讓空間看起來更平整、俐落。	矽利康、踢腳板、收邊條。

空間設計暨圖片提供｜構設計

注意事項

| POINT1 |

可在不同區域使用不同建材，但種類不宜過多，以免視覺顯得太過凌亂。

| POINT2 |

除了美感呈現，因經常踩踏，使用頻率高，挑選時應著重實用功能面。

| POINT3 |

有些地坪材質，會根據尺寸大小不同，而有施工費用上的落差。

空間設計暨圖片提供｜構設計

木地板

提昇空間溫度，且不受風格限制

木地板是居家空間最受歡迎的建材之一，除了是因為木素材能瞬間為空間營造舒適的溫馨氛圍外，由於台灣有室內脫鞋的生活習慣，若赤腳踩踏地板時，即能感受不同於磁磚和石材過於冰冷、堅硬的溫潤質感，加上木地板不受風格限制，又易於與不同材質混搭，因此即便台灣氣候潮濕，仍是不少人優先考慮的建材。

從外觀與機能挑選，滿足美感與實用性

不過木地板種類五花八門，如何挑選？最直接的方式，就是從外觀的顏色、木紋來做挑選。木材的顏色深淺和紋理變化，會直接影響空間風格與氛圍，深木色可營造沉穩、寧靜氛圍，但不適用坪數太小，或採光不佳的空間；淺木色給人感覺清新明亮，可呈現簡約俐落的北歐、現代風。木紋依木材剖切方式，分成山形紋和直條紋，山形紋易受木種影響，剖切後紋路變化多，直條紋紋理單一，適合簡潔的現代空間。除了外觀差異，就機能面還可區分為實木地板、海島型實木地板、超耐磨木地板、海島型超耐磨木地板，而若預算不夠，又想呈現木地板效果，也有 PVC 塑膠地板、石塑地板等替代商品。

實木地板製作流程

| Step1 | 切片

在切片之前，原木通常從在樹林地砍伐完，進口到國內後，會把原木放在集中地靜置天然乾燥，使其更為穩定後再加工。

| Step2 | 布膠

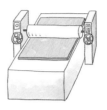

在原木板上先行布膠，以方便進行後續在板材表面貼合其它材質。

| Step4 | 企口

通過機器將板材兩端，做出企口。

| Step3 | 高壓壓合

板材以特殊機器高壓壓合，確保每一層材質緊密貼合。

| Step5 | 塗裝

在板材表面塗裝優質環保塗料產品，增加耐磨性和美觀。

| Step6 | 完成打包

實木地板

| POINT |

不同實木特性有所差異，挑選時可從需求面，選擇適合的實木種類。

實木地板指的是原木砍伐下來經過烘乾過程，加工後製而成的木地板，不只保有原始自然紋理，觸感溫潤舒適，且具良好保溫、隔熱、隔音等效果，一直以來都是居家裝

修時，相當受到喜愛的地坪材質，但實木地板保養不易，易出現蟲害，且對環境濕度要求較高，不宜在濕度變化大，或太過潮濕的地方使用，以免發生膨脹、變形問題。實木地板常見木種有柚木、胡桃木、花梨木等，由於台灣已禁止樹木砍代，目前實木材多仰賴進口。

海島型木地板

| POINT |

表層有厚薄之分，厚片雖比薄片價錢高，但穩定性也比較高。

海島型木地板是專為氣候潮濕地區設計的木地板，結構與實木地板最大的不同是，只有表面是實木，下層是由夾板交疊黏合而成，夾板經過後製加工後，品質相較於實

木穩定性更高，不易有木料常見離縫、翹起，也比較不受氣溫、濕度變化，而有膨脹、變形等問題。表面實木層厚度以「條」計算，從 60 條到 100、200、300 條不等，條數愈多木紋愈清晰，較格也愈高。海島型木地板兼具實木紋理、色澤溫潤、觸感良好等優點，除了作為地板材，也經常會鋪設在電視櫃、牆面等立面，做為裝飾材使用。

PVC 木地板

替代木地板時，方型木紋塑膠磚質感較不具真實感，應選用長條型。

也可稱之為塑膠地磚、PVC 地磚，主要材料是聚氯乙烯，普遍使用的有塊狀、長條狀，具有彈性、好清理及防水等優點，但塑膠材質怕曬、怕潮，不適合使用在陽台、廁所

等區域，以免翹曲、膨脹變形。表層厚度從 1 ～ 3mm 不等，愈厚耐磨度愈好，表層印刷以木紋和石紋最普遍，不過因塑膠感重，以商業空間使用最為廣泛。不過，近年隨著印刷技術進步，PVC 地磚花色愈見豐富且擬真，加上可安裝在混凝土、硬木等地材上，因此逐漸被運用在居家空間。

SPC 石塑地板

背面有軟墊設計的款式，踩踏起來比較舒服，也能有適度隔音效果。

主要成分為塑膠加石粉，因此不怕潮濕、好清、耐磨、耐括，外觀以壓印方式，讓表面紋理更接近實木地板，板材背面通常有做軟墊設計，讓原地板與石塑地板之間多了

一道緩衝，不只踩踏起來較為舒服，也能適度增加隔音效果。石塑地板採卡扣設計，施工容易，只要地面平整，無須膠水、釘子等工具，很適合自行購入安裝。石塑地板會因品牌而有價格上的差異，但相對於實木地板、超耐磨木地板等地板材質，價格相對便宜，因此成為近年最常用來取代木地板的地材之一。

超耐磨木地板

價格受產地影響，歐洲價格最高，使用年限與保固較長，中國、東南亞價格較低。

實木地板價格昂貴，且和海島型木地板都有不耐磨的缺點，再加上環保意識逐年受到重視，於是便有了替代實木地板的超耐磨木地板，其材質為高溫擠壓合成板，主要分為以下四層結構：耐磨的表面層、擬真木紋層、天然木纖維層、防潮平衡層，特色是好清、耐括、耐磨。

由於主要使用回收的木屑，因此在注重環保的歐美盛行已久，引進台灣之後，也因施工簡單、價格比實木地板親民，而相當受到注目，不過超耐磨木地板畢竟只是仿實木地板，早期仿木紋單調顯得不夠真實，加上人造木紋過於一致，容易看起來有塑膠感且單調失真，因此容易讓人使用時心存疑慮，但近年來隨著印製技術日趨先進，不只擬真度高、木紋選擇多元，加上本身具備的耐磨、耐括特性，漸漸被大量使用於居家和商業空間，尤其更受到家中有小孩、寵物家庭的喜愛。根據底層材質，可區分成海島型超耐磨木地板和超耐磨木地板。

超耐磨木地板

將美耐皿貼在由木屑、碎紙、木材廢料、合成纖維膠等，經特殊處理分解壓縮而成的塑合板上，表面木紋採印刷上色，木紋紋路與顏色並無法像實木一樣自然，不過和實木地板比起來，品質穩定，防刮且易於清潔，施工時使用卡扣拼接即可，不用打釘或上膠，可保護原有地坪。

海島型超耐磨木地板

內層是由夾板採直橫交錯疊成，最後在表面貼上美耐皿貼皮，表層木紋同樣是印刷製成，因此不若實木地板來得真實，也缺乏實木觸感，不過優點是穩定性高、耐刮且不易變形，價格比實木地板、海島型木地板和超耐磨木地板低廉，CP值相對較高。

超耐磨木地板挑選重點

價格

超耐磨地板的價格主要受產地影響，主要產地有歐洲、東南亞及中國。

- **歐洲品牌**：約 NT.3,000 ～ 6,000 元／坪
- **東南亞品牌**：約 NT.2,000 ～ 3,500 元／坪
- **中國品牌**：約 NT.1,700 ～ 3,000 元／坪

板材密度

很多人挑選時著重板材厚度，但愈厚不表示踩起來愈紮實，其實板材密度也是超耐磨地板踩起來是否有紮實感的因素之一。一般密度高的超耐磨木地板，鋪設後的踩踏感會比較紮實。

- **高密度地板**：密度 850kg ／ m^3 以上
- **中密度地板**：密度 600kg ／ m^3 ～ 850kg ／ m^3
- **低密度地板**：低於 600kg ／ m^3

耐磨度

超耐磨木地板耐磨度，主要從耐磨等級分轉數和 AC（國際耐磨單位）判定。

- **6000 轉以上**：基礎耐磨數，現在普遍都有 20000 轉耐磨程度。
- **AC3**：耐磨等級一般。
- **AC4、5**：耐磨等級較高。商業空間或家裡面有寵物、小孩至少要有 AC4、5 以上。

磁磚

圖片提供 | 睿敏磁磚

種類豐富，
可運用在任何空間

磁磚是使用陶瓷黏土、長石、陶石、石英等材料，經過高溫燒製而成的產品，製作出來的成品具堅硬、耐括、耐磨等特質，經常使用於建築內、外的牆面、地面及需裝飾的表面，而也因其堅硬、耐用等特性，加上清潔、保養容易，因此在氣候多雨潮濕的台灣，磁磚可說是最廣泛被使用在居家空間的地坪材質。

多種搭配組合，變化出多重樣貌

不只功能性強，實用的磚材也能藉由花色、尺寸和形狀，互相搭配組合出多種不同視覺效果，以符合屋主期待的空間風格，常見磚面花色有木紋、花磚、仿石紋磚等十數種，根據花色複雜程度價格也會不同；外型則以方型、長條型最常見也最常使用，六角型磚則常見使用於玄關、衛浴等空間做局部點綴。相對於其它地坪建材，磚材尺寸更顯多元豐富，大至100×100cm，也有小至如馬賽克磚2.5×2.5cm大小，由於尺寸大小會影響整體空間視覺效果，及施工難度、費用，因此選用磚材時，應先確定想呈現的效果，接著檢視裝修預算，再來做花色、尺寸等細節選配。

磁磚製作流程

| Step1 | 原料混合

依照不同磚材，使用不同的原料，把原料做混合攪拌、研磨，然後乾燥處理。

| Step2 | 成型

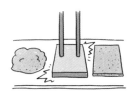

經過加壓機器高壓成型。

| Step4 | 燒成

經過高溫窯燒，磚體燒結成型。

| Step3 | 施釉

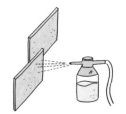

釉料以噴釉、浸釉方式施釉。

| Step5 | 成品包裝出貨

拋光石英磚

雖經過加工、拋磨,仍有細微孔洞,污漬易滲入磚材孔洞形成髒污。

石英磚的主要材料為長石、陶瓷黏土、陶石、石英等,經高溫窯燒而成石英磚,接著在表面進一步加工、拋磨,便成為拋光石英磚,磚材表面相當平整光滑,若是大面積鋪設,可以展現出豪華大器的空間感,因此常被用來取代石材。市面上還有一種叫做半拋光石英磚,顧名思義就是只有局部做拋光或降低拋光亮度的石英磚,硬度不變,除污效果和拋光石英磚差不多,止滑性比拋光石英磚好,價格一般會比拋光石英磚稍微便宜一點。隨著科技的進步,拋光石英磚有了更多不同製作方式,根據製作方式,大致可分成以下幾種類型:

圖片提供|睿敏磁磚

1. 滲透印花:
早期拋光石英磚最常使用的製作方式,花色單調、缺乏變化,花紋只停留在表層,不耐磨損。

2. 多管下料:
紋理滲透到底層,顏色和花紋比滲透印花變化更多,但看起來容易顯得不夠自然。

3. 微粉
紋理呈現較為細膩且層次豐富,製作時間較長,是最接近天然石材色澤的一種製作方式。

4. 聚晶微粉
與微粉製作方式相近,但在製造過程中加入細微玻璃粉,讓磚材表面亮度更光滑,抗污性也更好。

仿石紋磚

尺寸愈大愈沒有紋路間斷現象，整片磁磚看起來會更像石材。

石材與磁磚原本是兩種完全不同的建材，相較於平實的磁磚，在居家裝潢時，石材很常因價格、重量、施工等因素，而在使用時受到限制，也因此便出現了可取代石材的仿石紋磚。石紋磚有拋光、霧面、岩面等多種表面質感，表面質感不同，視覺效果也不一樣，因而能打造出多種空間風格。近年石紋磚仿石材技術愈來愈成熟，除了紋理更為逼真，表面質感處理也愈趨精緻，讓人難以分辨出與石材的差異，加上厚度比石材薄，重量比較輕，整體費用相對便宜，因此漸漸有取代石材的趨勢。

圖片提供｜睿敏磁磚

木紋磚

國產與進口價格落差大，最好至現場詢問，價格會比較準確。

想要有磁磚的好保養與清理優點，又想要有木地板溫暖，與踩起來的舒適感，木紋磚正是能滿足這兩種需求而生的磚材。木紋磚採用磁磚燒製技法，表面經過壓紋印刷處理，讓磚材表層有著如天然木材般的紋理，外型多為長條型，以更接近真實木地板質感。由於本質仍是磁磚，因此耐括、耐磨好清潔保養，適用易產生濕氣的廚房、浴室區域。早期礙於印刷技術，木紋磚容易看起來不夠自然，但近年隨著印刷技術愈發先進，木材紋理逼真，甚至還有不同木材種類、顏色的木紋磚面可選擇。

圖片提供｜睿敏磁磚

花磚

圖片提供 | 睿敏磁磚

| POINT |

需對花的組磚，最好一整組購買，以免後續出現對花問題。

花磚並非是某種特定材質的磁磚，而是指在表層印有圖案的磁磚，圖案以花卉、幾何抽象圖案最為常見，也最受歡迎，而依據圖案是否需要多片拼貼而成，可分成單塊花磚和拼貼花磚。花磚源自歐洲，引進台灣之後，由於鮮豔豐富色彩與花紋，容易製造視覺亮點，並為空間增加活潑元素，而相當受到喜愛，漸漸成為台灣居家裝潢時，許多人愛用的磚材之一，不過因為硬度略差，雖也適用於地面，但運用在牆面做為裝飾材居多。花磚有國產也有進口，進口花磚顏色豐富花樣又多，一般多自歐洲國家進口，價格上較國產花磚價格會高出許多。

六角磚

| POINT |

比一般磁磚更容易有缺角、裂角問題，材料耗損量需預留多一點。

外型為六角型的磁磚，比傳統磁磚造型獨特容易吸引視線，因此常用來做為空間重點裝飾建材使用。材質上有瓷質磚、釉面磚和石材磚，瓷質磚硬度高、吸水率低，具止滑、耐磨特性，適用廚房、浴室；釉面磚材質，抗污力強、止滑度好，圖案最豐富，但表面為釉料，耐磨性略差；石材磚以天然材質製成，質感好、價格高，抗污力較差，不適合使用於廚房區域。六角磚外型特殊，鋪設組合方式多元，可隨個人喜好選擇，但要預留約 0.6cm 磁磚縫，以免完工後看起來形狀歪斜。

圖片提供 | 睿敏磁磚

復古磚

| POINT |

外型上允許較大誤差值，但選購時，每塊磚的大小還是應盡量一致。

主要材質以石英施釉磚為主，室、內外，地板、牆面，或浴室、廚房等，潮濕或易有
油垢的環境都很適用。略為粗糙的表面質感，看起來質樸、不加修飾，是復古磚的一

大特色，而為了呈現這種樸實手
感，顏色以暖色居多。外型上一般
磁磚尺寸大小皆要求工整一致，復
古磚自由度則高出許多，且針對個
人喜好，表面可粗獷、可細緻，外
型也能做出不規則邊設計或特殊
尺寸。源自材質特性有著如陶土、
石材觸感，鋪設在居家空間裡，可
輕易營造濃厚的歐洲鄉村風情。

圖片提供｜睿敏磁磚

陶磚

| POINT |

**可搭配塊磚或復古花磚，讓完成面看起來比
較豐富有變化。**

以高可塑性及穩定性的陶土燒製而成，屬於
天然建材之一，由於具有高吸水率、耐磨、
隔熱等優點，因此經常使用在戶外街道或庭
院，但堅硬度則不若外表、性質相似的復古
磚，因此使用範圍較小。磚材本身色彩簡樸，
以泥黃、磚紅、碳黑色系為主，選擇性少，
也沒有花紋圖案，除了單一使用之外，很多
人會與花色豐富的復古花磚搭配使用，藉此
讓原本單調的磚材，創造出更豐富多變的樣
貌，同時也能展現出濃濃的歐式風情。

圖片提供｜睿敏磁磚

石材

最能展現空間氣勢的天然材質

空間設計暨圖片提供｜明代設計

在居家裝潢時，石材是很多人愛用的建材，除了是因為石材本身具有的紋路相當美麗且無法複製，為其增添獨特性之外，為了完整呈現石材的紋理之美，通常會大面積使用，藉此來吸引視線，並營造出空間的大器質感，因此常見到石材運用在大坪數空間和講究奢華的豪宅裡。

天然優美紋理，獨佔視覺焦點

石材大致上可分為人造石和天然石材，以人工合成的人造石，其實是將天然石材碎料，混拌水泥或與膠粘劑、固化劑等助劑混合，再加工成型的一種建築材料，材質穩定、可塑型高、沒有毛細孔且不易沾染污漬，不過質地較軟，比較常用來做為洗手檯、料理檯檯面。天然石材則因擁有獨特紋理，加上本身質地堅硬，不只會用來做為表面裝飾材，也很適合用在需要經常踩踏的地坪，且不論室內室外皆適用。不過石材取自大自然，產量更無法以人工製造，因此增加了天然石材稀有性，費用自然就比其它建材昂貴許多。隨著近年來提倡環保，加上施工費用偏高，許多人會選用人造石或者其它替代建材，來達到石材的效果。

石材製作流程

| Step 1 | 集中

將礦區開採的原石集中，等待加工。由
於目前台灣已不再開採礦石，因此主要
是從世界各國進口石材。

| Step 2 | 裁切

將原石送至工廠切成大板。

| Step 4 | 完成

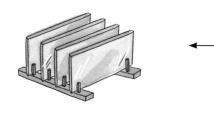

修飾好的石材大板送至倉庫，準備銷售。

| Step 3 | 拋光

裁好的大板進行研磨、拋光等動作。可
視亮度需求研磨出不同等級的亮度，再
以火燒、水沖等加工手法做表面處理，
做出火燒面、霧面等質感。

大理石

觀察石材表面紋理，顆粒愈細品質愈好，且表面不能有裂縫。

主要成分為碳酸鈣，雖然和花岡岩相比硬度稍軟，但本身具有深淺交錯的優雅線條，因此相當受到喜愛，顏色花樣眾多，常見有白色、黑色、黃色、灰色，紋理則有雲灰、雪花、彩花大理石等。挑選時，一般單色大理石，要求顏色均

勻；具有紋理的大理石種類，則最好花紋、 深淺為逐漸過渡，看起來較為自然；石材紋理若為圖案，圖案要清晰、花紋具規律性。大理石為天然石材，因具有毛細孔，所以吸水率較高，容易吸附污漬，保養清潔要特別費心，不能用清水擦拭，若有水漬也應立刻擦掉，以防水分滲入造成石材變色。其中淺色大理石最容易沾染污漬，不適合做為檯面，深色大理石給人感覺穩重、大器，抗污性比淺色來得好。

擁有特殊紋理，又具有奢華大器質感的大理石，因其獨特性，價格比一般建材昂貴，而如果選擇紋理、色彩特殊的款式，價格就會再更高一些，也因此大理石一直是許多人心目中的夢幻石材，但真正要使用在居家空間，除了考量費用外，用於牆面和地面施工方式不同，後續的石材養護，選用時都要注意。

材質比較

種類	特色	優點	缺點
大理石	地殼中原有岩石，經地殼內高溫高壓作用形成的變質岩。	花紋自然，硬度優於人造大理石，更耐磨耐用，且易於做拋光、磨平等加工。	有毛細孔，易造成石材色變，石材會有色差，且價格昂貴。
人造大理石	採用天然大理石、花崗岩碎石為填充料，加入粘劑，攪拌成型後，再藉由研磨和拋光製成。	具天然質感，且顏色均勻，不易有色差，可塑性高，不易裂，容易保養。	品質不一，劣質品中可能摻有危害健康物質。

花崗岩

天然石材為自然生長，大小多有限制，若想大面積使用，需拼接兩塊以上。

主要成分是二氧化矽，並由石英、長石和少量黑雲母等暗色礦物組成，在眾多石材中硬度較高，表層紋路多為斑狀結構且較為密集，顏色相當豐富，常見有紅色、白色、黃色等。很多國家皆出產花崗岩，

而根據不同產地，石材裡的內含礦物成分也略有不同，因此造成石材表面會出現些微差異。

花崗岩和大理石都是常運用於居家裝修的石材，但相較於硬度偏軟，不易養護的大理石，花崗岩可以使用的區域更為廣泛，不只可用於室外的陽台、庭院，用於室內，除了做為裝飾材，因為石材本身密度大、硬度高、表面耐磨，不易藏污納垢，也經常用來做為廚房檯面，且由於是高硬度石材，有時會刻意打碎經過壓製後再製使用。雖說紋理不若大理石來得獨特優美，但大面積使用，也相當能呈現出空間的氣勢，加上不需太過小心維護，因此是許多人在選用石材時的優先選擇。

材質比較

種類	硬度	吸水率	適用區域
花崗岩	莫氏硬度約 5-7 度	吸水率低	外牆、地面、台階、檯面
大理石	莫氏硬度約 3-4 度	吸水率高	裝飾室內牆、室內地面

水泥

攝影│葉勇宏

好清潔又具質感的無縫地材

主原料為石灰或矽酸鈣，是一種建築材料，與水混合後會凝固硬化，通常不會單獨使用，當與細緻的骨料混合後形成砂漿，主要用來接合磚塊，而與沙礫混合後則形成混凝土。過去水泥只是建築材料且多用來做為基礎建材使用，然而隨著清水模受到矚目與歡迎，加上人們對居家空間風格接受度愈來愈多元，因而讓水泥也成為居家裝潢時受到歡迎的建材。

是基底也是表面材

水泥最讓人喜愛的一大特色就是原始沒有裝飾的粗樸質感，因此在地坪大面積使用，便能營造出獨特的空間氛圍。過去水泥粉光地板比較常見於倉庫、賣場這類不需過於小心維護的空間，而如今這種材質被運用於在美感與精緻度要求更高的居家，應用方式便是在粗底上面薄薄塗一層水泥砂漿，這道工序稱為粉光，過去在粉光之後便是鋪設地板材，但現在會直接做為地坪完成面，也是所謂的水泥粉光地板，一般粉光後觸摸起來，質感細緻光滑、無明顯孔洞與顆粒感，但若是做為地坪使用，最好再多加一道打磨工序，讓水泥粉光地板表面可以更光滑平整。

水泥製作流程

原材料破碎

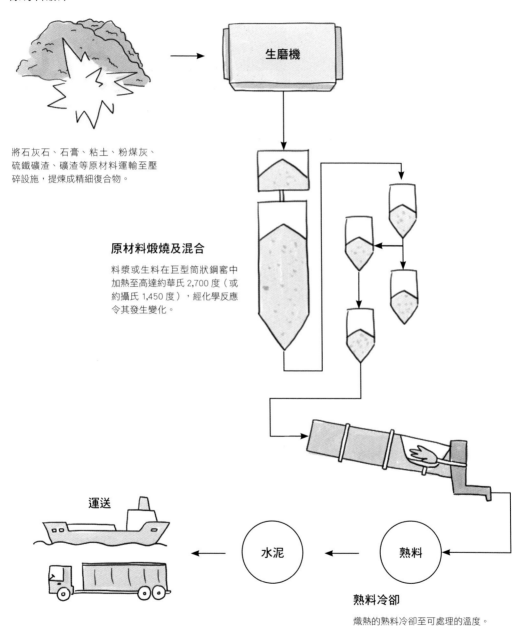

將石灰石、石膏、粘土、粉煤灰、
硫鐵礦渣、礦渣等原材料運輸至壓
碎設施，提煉成精細復合物。

生磨機

原材料煅燒及混合

料漿或生料在巨型筒狀鋼窰中
加熱至高達約華氏 2,700 度（或
約攝氏 1,450 度），經化學反應
令其發生變化。

運送

水泥 ← **熟料**

熟料冷卻

熾熱的熟料冷卻至可處理的溫度。

磐多魔／優的鋼石／萊特水泥

因是以水泥為塗料基底，地坪完成後仍會出現細小裂痕。

水泥粉光質感雖然受到歡迎，但選用前屋主必需接受這種材質的不完美之處，首先是紋理無法控制，再有經驗的師傅，仍無法控制完工後的紋理，還有就是使用一段時間後一定會產生裂縫，以及可能因施工不當而有起砂問題。過去很多人常因裂縫和起砂問題而對水泥粉光

空間設計暨圖片提供｜庵設計

望之卻步，然而隨著時代的進步，大家漸漸接受了水泥粉光的不完美，而在科技的幫助下，也衍生出在完工後質感與效果接近水泥粉光，且可呈現無縫地板的替代建材，來解決水泥粉光一直以來最為人詬病的問題。以下幾種特殊塗料雖非水泥，但皆是以水泥為基底，因此可做出與水泥相似的質地，若想避開水泥粉光地坪缺點，可考慮使用以下塗料做為替代。

·磐多魔

德國 ARDEX 研發的材料，以水泥為基底，防水、防滑，若喜歡無縫地坪效果，但不喜歡灰色，磐多魔亦有多種顏色可選擇。完工後地坪表面光滑平整，但因不耐刮且有吃色問題，有污漬要盡快擦拭，在空間裡搬動家具、重物時，要小心不要傷到地板，而由於仍以水泥為基底，所以還是會產生細小裂痕。

·優的鋼石

一種以水泥為基底的塗料面材，即是以水泥為基底，加上德國生產的母料，雖說可防水，但若是施作在有水區域，通常會在底層多鋪一層玻璃纖維，進一步加強防水效果，抗壓性比水泥來得高，但若有東西重摔，仍容易受損，可在水泥面、磁磚和木地板上施作。

· 萊特水泥

同樣是以水泥為基底的塗料，有不龜裂、耐磨、透氣、防水特性，可直接在原有地坪上施作，無需噴砂處理或打磨地板，不會有起砂問題，基於抗 UV 優點，在光照強的區域也不會日久變色。此外，有米色、綠色褐色、土色等多種色系，因應屋主喜好。

材質比較

種類	表面厚度	可施工底材	施工時間	適用空間
磐多魔	約 5～10mm	磁磚、水泥地	7～8 天	室內空間，但不建議使用在衛浴、廚房等濕區。
優的鋼石	約 6～8 mm	水泥地、磁磚、木夾板	水泥地、木夾板，約 7～10 天。磁磚面，約 12～14 天。	室內空間，但不建議使用在衛浴、廚房等濕區。
萊特水泥	約 4 mm	水泥地、磁磚、石材、木夾板	約 4～5 天	室內空間，但不適合使用在陽光強烈照射的區域。

收邊材

空間設計暨圖片提供｜構設計

提昇空間質感
不可或缺的建材

裝潢時除了材質的選用之外，如何讓居家空間的質感提昇，重點就在於細節的處理。不論地板材質是木地板、磁磚還是石材，當地板材鋪設完成，與牆面交接、轉角處，或者是在不同地坪材質交界處，通常都會在最後做收邊動作。收邊主要用意，是因為地板材質需預留熱脹冷縮的伸縮縫，而看來不太美觀的縫隙便是以收邊方式來加以修飾美化。過去收邊方式和材質的選用，大多是從功能取向來做選擇，但由於現今對空間美感要求較高，於是便衍生出了款式、花色更豐富的收邊材，來為整體空間質感加分。

多種材質選配，凸顯細節品味

因應人們對居家空間美感、安全要求日漸提昇，收邊材材質也愈趨多樣化，除了早期常見的 PVC 材質外，現在更有鋁合金、不鏽鋼、黃銅鍍鈦等金屬材質，在顏色及紋理上，除了單純素色還有豐富的花色與紋理可供挑選，功能性方面，則有區隔條、起步條等種類。至於早期常見的踢腳板，隨著時代變化，也有了更符合現今美感的選擇，應用方式更可依據空間風格來做變化，一改過去只求功能而不夠美觀的印象。

收邊材施工與細節注意

矽利康收邊

以矽利康收邊，壁面與地板間要加泡棉條，以免矽利康下陷不好施打。不過超耐磨木地板伸縮縫為 8mm，以矽利康收邊會太粗沒那麼好看。

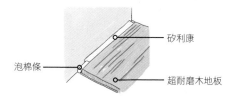

踢腳板收邊

用踢腳板收邊能保護牆面，但家具無法貼牆擺放。一般踢腳板高度約 15cm ～ 10cm，現在有的會降到 8.5cm。

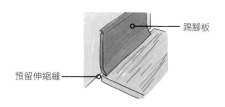

起步條收邊

現在亦有斜面起步條，可減少高底落差，行走起來會更順暢，不受阻礙。

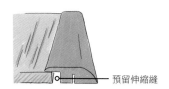

分隔條

一般裝在異材質結合處（如磁磚和木地板）或不同空間的入口處（如房間和走道），顏色盡量選擇和地板接近或同色。

一字條收邊

適用於平整度較佳的地面。

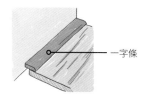

樓梯收邊

可用起步條或者 L 型收邊條，也可用於架高木地板。

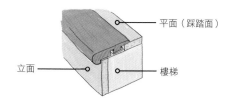

矽利康

| POINT |

不同類型矽利康，功能與適用區域也有差異，應依需求選用。

矽氧聚合物亦稱為矽酮（polymerized siloxanes 或 polysiloxanes），俗稱矽利康（silicone），也有人稱之為速力控、矽膠，是一種可防止材質間縫隙因水滲入的填縫材料。具熱穩定性、彈性、無毒、伸展性、黏著性、高抗拉力，以及氣密與水密性特質，是建築裝修常用的材料之一，主要做為填縫劑使用。一開始施打為稠狀，施打後與空氣中的水氣反應，經過一段時間則呈現固化狀態，如此一來便可成為異材質間的縫隙填縫劑。矽利康並非只有一種，可分成中性、酸性、水性以及防霉，用途及適用區域略有不同，可依需求選用。

踢腳板

| POINT |

選用與牆面、地磚顏色一致或接近色視覺上比較和諧，若選和牆面或地磚的反差色，裝飾效果較為強烈。

踢腳板是針對牆面底部與地板交接處位置而做的一個裝置，高度大多落在 9 ～ 12cm，常見有 PVC、木料、不鏽鋼、石材等材質，主要是用來避免因碰觸、拖拉家具而弄髒、損毀牆面，並用來遮掩地板材質和牆面間產生的縫隙，使地面和牆面兩者結合更牢固，接縫處更為平整，視覺看起來更俐落。除了功能取向，踢腳板也是空間裡很好的裝飾性材料，藉由不同材質、色彩的搭配，以及高度的選擇，可與牆面、天花設計相互呼應，讓整體空間更具特色與一致性。

收邊條

| POINT |

依據材質特性，使用在適當區域。

地板不論是用木地板還是磁磚，在牆面與地板之間，或在兩種不同地坪材質的交接處，都會留有縫隙，這種縫隙是為了預防材質因熱脹冷縮，產生膨拱、爆裂等問題，而收邊條的功能，就是用來遮掩、修飾交界處不可避免的縫隙。不過收邊條不只是用來解決地板交界問題而已，牆面九十度轉角，階梯、架高木地板斷面處，都可以使用收邊條做收邊。收邊條使用範圍廣泛，根據不同狀況，應使用相應收邊條類型，以下是幾種常用收邊條。

· **一字條：**可用於任何界面收邊，最常用於超耐磨木地板牆腳收邊，也適用階梯、架高木地板斷面收邊。

· **起步條（C條）：**超耐磨木地板專用，用於與其他材質地板銜接處，以修飾地板與原地板高低差，原地面接觸邊為弧形或斜面。

· **分隔條（T條）：**超耐磨木地板專用，房間與走道銜接處，或房間與客廳方向不同時，需在門的正下方放分隔條。

· **L形收邊條：**常用於架高地板的踏面與立面銜接處。

材質比較

收邊條材質	優點	缺點
PVC	價格便宜，花色多樣。	但材質較軟，易破毀，質感較差。
木質	安裝方便，非實木款式價格便宜。	易受潮發霉、蟲蛀。
鋁合金	耐用且防火、防潮。	表面若為亮面，易有刮痕。
塑鋼	花紋、花色、款式多樣。	材質偏軟，表面易凹陷。
黃銅	材質厚實，質感好。	價格較為昂貴。
不鏽鋼	硬度高，適合用在人流多的公共空間。	價格較為昂貴。

實例應用

空間設計暨圖片提供｜都市居所

空間設計暨圖片提供｜都市居所

異材質拼接講究平整精緻收邊

從英國旅居回國的女屋主，期盼在台灣的家能延續英國空間輕鬆活潑的氛圍，玄關落塵區地坪選擇仿水磨石磁磚，不但耐磨好清潔，也節省不少工時；進入客廳則轉為超耐磨地板襯托居家溫馨感，兩種異材質之間以金屬收邊條俐落銜接，半開放廚房讓公領域充滿自然光，同時也利用不同材質界定空間，這裡則以密接收邊方式處理六角磁磚與超耐磨地板不規則接縫。

空間設計暨圖片提供｜構設計

住辦兩用地坪材質首重耐磨好清潔

屋主是包包設計師，空間除了居住外還要包含工作室的功能，公領域作為客廳及訪客接待區，因此地坪材質需同時兼顧商業及住家性質，還要能切合空間風格調性，因此選擇仿水泥磁磚與超耐磨木地板兩種異材質，不但藉由材質區分空間屬性也具備好清理耐磨特性，打造具有現代感的溫馨居家空間。

替代材兼顧預算與質感

屋主喜歡復古屋元素，因此一進門玄關地面，採用最常在老房子看到的磨石子地，不過考量施工便利性，改以仿磨石子磁磚取代，刻意選用以白為基底，搭配少許色彩的款式，藉此為缺少採光的玄關圍塑復古氛圍的同時，增添些許明亮與現代感。

空間設計暨圖片提供｜工緒空間設計

根據空間需求以異材質拼接地坪

進門玄關落塵區扮演銜接內外的功能，地板鋪設耐磨耐刮的磁磚來對應進門鞋底的砂石摩擦及雨天雨具的水漬，六角造型磁磚以不規則方式從鞋櫃下方延伸進入客廳，地板也由冰冷磁磚轉換為溫暖的超耐磨木地板，利用材質特性對應空間屬性，搭配兩種地板材質輕巧界定內外區域，無落差平鋪設計為家人打造無障礙式的貼心居家。

大理石材質給予顧客尊榮質感

業主是間重視美感的醫美診所，由於是以女性為主的高消費場域，期待顧客一進門就能藉由空間質感進而感受到診所的細膩服務，玄關入口地坪選擇水磨石嵌入六種大理石材來襯托氛圍，大理石裁切成簡約的幾合圖案呼應現代古典的風格調性，中間再嵌入鍍鈦打造診所 Logo，利用高質感材質傳遞出品牌給人的精緻奢華。

空間設計暨圖片提供｜構設計

空間設計暨圖片提供｜構設計

仿清水模塗料輕鬆營造當代風格

從事法律相關工作的屋主喜歡乾淨俐落的空間感，設計師希望屋主在進入屋內的瞬間能有些趣味設計亮點，便以開門弧度為造型畫出圓弧玄關作為空間延伸的起點，地坪材質採用較容易施工的清水模塗料鋪設，並嵌入大小不同的六角磁磚增添活潑變化，清水模塗料打造出的無接縫地坪呼應空間簡約調性，也相當好清潔整理。

不少人在挑選地板磁磚時，只在乎磚材顏色及花紋，其實地磚尺寸攸關到整體空間呈現，選用時因應不同空間，搭配適當的尺寸大小才能相得益彰。一般地磚常見尺寸為 40～60cm 正方形，搭配原則大空間建議可使用單邊長 120cm 以上的大尺寸。大尺寸磁磚可減少拼接縫隙線條較少，空間會顯得較簡潔、俐落，小尺寸磁磚因為過多接縫線條，容易讓空間看起來過於複雜、凌亂。一般來說，尺寸小的瓷磚，在小空間利用率較高，因為可以減少浪費的情形。

現在客餐廳大多採開放式設計，因此可以選擇 80×80cm 甚至 120×120cm 等尺寸較大的地磚，不但接縫線條少，再搭配高精緻度印刷，可模擬出有如石材般大器美感；廚房、衛浴及後陽台需要排水的空間，採用 30×3cm、40×40cm 等小尺寸地磚，比較好順著地板斜度做出洩水坡。

大尺寸地磚能營造出更寬廣的空間感，但施工難度比一般地磚高；常用尺寸地磚施工方式有：軟底施工法（濕式施工法）、硬底施工法、燒底施工法，團隊只需 2 人即可施工，大尺寸地磚以硬底施工法為主，需要 3 至 4 人協力施作，同時特別注重地面平整度，因此整體費用，自然比一般尺寸地磚來得高。

空間設計暨圖片提供｜構設計

大尺寸磚材容易營造出空間大器質感，但施工費用也比常規磚材尺寸高。

磁磚種類早已跳脫單色圖紋或素面款式，而近年流行的花磚其實在西班牙、義大利等歐洲國家行之有年，讓這些有著美麗圖紋的磚材進入室內空間能營造出異國風情，然而特色鮮明的花磚要適當運用才能有畫龍點睛效果。

喜歡色彩繽紛的花磚，但大面積使用會不會太花？

1. 局部使用巧妙畫分場域

正因花磚色彩多變、紋理豐富，單一片看可能很美，但如果搭配比例沒拿捏好，反而顯得整個空間沒有重點。因此不妨利用花磚特點，局部使用在開放空間做出場域界定，像是玄關區或廚房地板，利用花磚達成界定目的，同時為空間製造亮點。然而進口花磚價格稍高，重點區域以花磚點綴，一方面能集中空間的視覺焦點，另一方也能節省預算。

2. 掌握色調及圖騰營造空間和諧

對於初次嘗試花磚的人，或許會擔心花磚在空間中會顯得突兀不協調，這時建議選擇花紋簡單，色調淡雅的款式，讓花磚隱約襯托空間又不失重點。

3. 對花款式避免花紋參差不齊

一般來說，花磚花色是隨機出貨不能挑選，但如果是需要對花的款式，採購時最好整組購買，才不會發生拼貼後有參差不齊的情況發生。

空間設計暨圖片提供｜構設計

重點局部使用，可展現花磚特色，同時製造出空間視覺亮點。

3

許多想要延續居家木質調性，又想要好清潔保養的人，在選擇地板材質時常糾結在要選「木地板」還是「磁磚」，因此木紋磚的誕生解決了這個問題。

木紋磚是一種表面仿製木頭紋理的磁磚，由於本身保有磁磚優點，防水、防火、耐磨、防刮又防滑，使用壽命長，因此很適合使用在廚房、衛浴等原本木地板不適用的潮濕區域；加上現在磁磚燒製技術不斷進步，木質紋理已能栩栩如生呈現，因此有不少人將木紋磚大面積使用在客廳、餐廳或者臥房，讓空間能保有木質調的溫暖氛圍，又不用擔心潮濕發霉問題。

雖然木紋磚優點多多，且和一般磁磚相比更能營造溫暖的感覺，但木紋磚畢竟仍是磚材，表面踩踏觸感比木地板硬且冰冷，在冬天時就會有明顯差異，而且鋪木紋磚和貼磁磚一樣需要專業工班協助施作，工序較繁雜，施工費用偏高，這些都是選擇木紋磚需要考量的地方。天然的木地板無論在質感和觸感都比磁磚來得自然溫暖，但選擇時要留意居住環境濕度，如果居住地區比較潮濕，木地板使用壽命較短，後續要有定期維修的心理準備。

空間設計暨圖片提供｜睿敏磁磚

木紋磚視覺上看起來溫暖，但觸感仍如一般磁磚冰冷，可視個人喜好與空間條件，來決定選用木地板或是木紋磚。

磁磚以國家標準大概分為三大類：陶質、石質、瓷質三類，主要分類的關鍵為吸水率的高低，陶質面磚吸水率 50% 以下＞石質面磚吸水率 10% 以下＞瓷質面磚吸水率 3% 以下，加上不同燒製技術及處理方式，變化出多種磁磚，因此可以依照各自的功能特性、吸水率選擇搭配在空間裡。以功能性挑選，客廳容易有移動家具的機會，建議選擇耐刮、耐磨強度高的磁磚；廚房地面除了耐磨，最好也具有抗油污、好清潔特性；衛浴空間則應考量防潮、防滑功能、吸水率低的材質，來確保使用上的安全性。接下來介紹幾種常用的磁磚：

·石英磚

瓷質磚便是俗稱的石英磚，吸水率最低、耐潮濕，有高硬度、耐刮、耐壓特性，表面光亮剔透好清潔。

·板岩磚

表面仿造岩石紋理，能展現如天然石材粗獷、寧靜沉穩風貌，粗糙石紋表面兼具止滑效果，同時有吸水率低、好保養優點。

·釉面磚

磚材表面施釉後經高溫燒製處理，依使用材質分成陶釉和瓷釉，由於圖紋色彩豐富又有很好的防污功能，是一般裝潢指定用磚材，但耐磨性不如拋光石英磚好。

·馬賽克磚

馬賽克磚呈現方塊小顆粒狀，尺寸約 2.5×2.5cm ～ 5×5cm 之間，由於單片尺寸小，貼起來形成的大面積溝縫可增加止滑度及排水性，尺寸多元、風格多變。

常用磚材／適用空間	陽台	客廳	餐廳	廚房	衛浴	臥室	後陽台
石英磚		∨	∨			∨	
板岩磚	∨			∨	∨		∨
釉面磚			∨	∨	∨		∨
馬賽克磚	∨				∨		∨

衛浴是家中使用最頻繁的地方，且通常位在光線較不充足的位置，從洗手台、馬桶到沐浴區的使用，都使得衛浴比一般空間潮濕，容易產生污垢，在地磚的選擇就要特別著重功能，才能對浴室清潔維護與安全提供幫助。

・選擇防滑材質安全最重要

高濕氣的衛浴是居家暗藏危險區域，衛浴地磚無論在乾區還是濕區，止滑安全性都要擺第一，選擇吸水率低、表面起伏較大的止滑磚，才能提供較好的防滑力，由於我國沒有針對防滑係數設定規範，可參考 DIN 德國聯邦標準建議。從 DIN 防滑測式得知，在挑選居家浴室淋浴間、濕區地面，要採用 B 級防滑等級磚，或止滑係數標準至少 R10 的磁磚，R10 防滑磁磚大部分都是凹凸不平的表面紋理，或有粗糙顆粒狀來形成較高止滑係數。

・挑選耐髒抗污好清理

衛浴濕度高，地板容易因積水滋生黴菌、水垢，因此除了要注意止滑的安全性，還要好清潔維護，磁磚表面紋理、縫細不要過多，避免藏汙納垢，吸水率低較不容易卡污發霉，像是半拋光石英磚、板岩磚、木紋磚，可同時兼具風格質感都是不錯的選擇。

DIN 51097：德國赤腳防滑測試

等級	傾斜度	適用區域
等級 A	環境角度 12% 以上	・乾區赤腳通道 ・個別及公眾更衣室 ・蒸氣浴及放鬆區
等級 B	環境角度 18% 以上	・游泳池淋浴間及泳池周邊 ・游泳池外邊的地面及階梯 ・放鬆區的步階及水中突出物
等級 C	環境角度 24% 以上	・步入泳池的階梯磚面 ・游泳池前的走道 ・傾斜的游泳池邊緣設計

DIN 51097：德國穿鞋防滑測試等級規範

止 滑 係 數	傾 斜 角 度	適 用 區 域
R9	6 度～10 度角度範圍	樓梯、醫院、辦公室、病房、餐廳、福利社，及一般入口處之空間（人多可能有滑倒風險之場所）
R10	10 度～19 度角度範圍	洗手間、廁所、研究室、茶水間（一般人比較有滑倒風險之場所）。
R11	19 度～27 度之角度範圍	修車廠、實驗室、飲料工廠等（偶有水漬、油漬等較易滑倒之場所）。
R12	27 度～35 度角度範圍	冷凍庫、消防站、工業廢水處理廠等（地面濕滑易滑倒之場所）。
R13	35 度以上角度	屠場及蔬果集散廠等（經常積水，易滑倒之場所）。

＊適用區域標準為：人在穿著皮鞋、乾燥的條件下，站在上面仍不致滑動。

為了克服木地板缺點，目前市面上研發出不同種類的仿實木地板，不僅能對抗潮濕氣候，而且紋理自然好保養，最常見的是超耐磨地板、海島型木地板以及 PVC 防水耐磨仿木地板，挑選前先搞懂這些木地板特色，才能根據預算和需求做出選擇。

・超耐磨地板

由耐磨表面層、擬真木紋層、天然木纖維層、防潮平衡層四層結構高溫擠壓合成板，具耐磨、清潔方便、防黴防蟲等優點，但受潮容易變形，不適合安裝在潮濕區域，表層木紋為數位印刷模擬，選購時要留意木紋是否過於重複，以免地板鋪設完工後看起來不自然。

・海島型木地板

由天然實木及夾板結合而成，分為厚皮與薄皮，因表面為天然實木皮，保留木材溫潤舒適踩踏感，下方的多層夾板，可大幅降低木板翹曲變形機率。具抗潮及防蟲特性，適合較潮濕的居住地區使用。

・PVC 防水耐磨仿木地板

以塑膠 PVC 製成的地板，價格便宜、安裝容易，自己 DIY 也可以。底層使用感壓膠黏著，遇到潮濕、長期濕拖，或長時間陽光曝曬，邊緣容易脫膠翹起。

・SPC 石塑地板

可完全防水、防潮，且材質超耐磨、穩定性高，不易熱脹冷縮，適合居住在較潮濕環境的室內使用。

空間設計暨圖片提供｜明代設計

木地板最能製造空間溫馨感，但最好依實際需求挑選不同木地板，才能好用好清，又用得長久。

木地板比較

	實木地板	海島型木地板	超耐磨地板	PVC木紋地板	SPC石塑地板
面 材	整塊原木	天然實木	高壓木屑	木紋印刷層	仿木紋層
底 材	整塊原木	夾板	高密度密集板	PVC	SPC石塑基材
耐磨層	UV噴漆	UV漆	UV漆	耐磨層	三氧化二鋁
優 點	·調節空間溫度 ·踩踏觸感溫潤 ·呈現色感自然 ·散發天然實木香	·踩踏觸感溫潤 ·較不易變形 ·呈現色感自然 ·適合海島型氣候	·不會蟲蛀易保養 ·安裝快速拆除容易 ·堅固耐磨	·組裝容易 ·沒有蟲害 ·價格便宜 ·防水防滑	·花色多元 ·耐磨耐刮 ·防水防潮 ·防焰、無蟲害
缺 點	·會熱脹冷縮 ·溝縫較大 ·價格昂貴 ·容易刮傷 ·需留易保養	·木皮容易剝離 ·夾板可能有蟲蛀 ·較不耐磨	·沒有天然木材觸感 ·受潮容易膨脹變形	·質地較硬 ·容易刮傷 ·碰到水容易變形 ·背膠易有甲醛	·觸感較硬 ·側邊較銳利收邊需小心
價 位	★★★★★	★★★★	★★★	★	★★
抗潮性	★	★★★★	★★★	★★	★★★★
施工方式	上釘上膠	上釘上膠	卡扣接合	背膠黏貼	卡扣接合

注：「價位」該列的★數越多，代表價位越貴；「抗潮性」該列的★數越多，代表抗潮性越好。

大理石用在地面和牆面，選購條件會有不同嗎？

大理石是沉積或變質的碳酸鹽岩類岩石，耐磨性和防刮性雖沒有花崗岩好，但紋理漂亮，經常使用於住家空間，但由於天然大理石本身充滿裂紋，較容易斷裂，使用時要特別留意厚度，作為地面石材，基本上厚度建議至少要有 20mm，25mm 以上較不容易破損，至於用於室內牆身的石材 20mm 左右就足夠，但仍要視設計需求而定；其實大理石也經常用來做為廚房檯面，適合的厚度約為 15mm、20mm 左右。從費用面來看，大面積使用才能展現大理石的美麗紋理，因此除了石材本身價格就不低，施工難度、面積，也可能讓施工費用往上增加，若使用同一塊大理石，因牆面通常只有局部使用，如電視牆，整體費用會比地面大面積使用，費用來得便宜一些。

在花紋的挑選上，牆面多是為了利用大理石原始紋理，來製造空間亮點，多採電視牆或局部設計點綴居多，因此可選擇紋路變化豐富、顏色吸睛的款式，至於地面面積大，紋理不宜太過複雜，以免和空間裡其它元素不好做搭配，建議可用白色、米色、灰色這類百搭色，來做為空間基底，但若和用於檯面一樣擔心清理、汙漬問題，則可選擇深色大理石。

花崗岩與大理石為居家空間最常使用的兩種石材，以下就兩種的材質特色來做比較，若預算無法使用大理石，以花崗岩做替代，不失為節省費用的方法。

材質比較

	大理石	花崗岩
特色	較軟、較不耐磨	較硬、較耐酸及磨擦
吸水率	較高	較低
花紋	花紋種類及顏色豐富，排列多呈不規則狀。	花紋變化不如大理石，且多呈現規則排列。
用途	多用於室內地面、牆面、檯面	多用於外牆或需經常踩踏區域的地面

8

同樣都是石材，施工費卻有高低差？

一般來說石材工程項目分為五部分，包括有：材料、加工、運送、安裝、美容，網路上有些價格看起來便宜，可能只有單純的材料費，要了解工程完工價格，要先了解石材的計價單位（註），材料費約佔石材工程總金額的 25% ～ 50%，但還是要看選用石材種類，紋理獨特的稀有石材價格較昂貴，加上施作數量與坪數大小，相對所占的比例也會不一樣。

石材加工有裁切、邊緣拋光、邊緣成形等等，加工後再將材料運送到安裝地點，交由師傅依現場狀況選擇適當施作方式，最後由美容師傅來做美化修補。要留意整個工程項目中會包含合理的利潤，這樣才能確保石材供應商與經驗豐富的石材施工團隊，達成高品質的作品。因此石材施工費用的高低，取決於整個工程環節，石材的種類與等級，便宜的石材約 NT.300 ～ 1,000 元／才，貴的一才好幾千都有，另外加工方式的複雜度及施作範圍大小都會使費用有落差。

註：石材以一材為單位，一才= 30.3×30.3cm，一坪= 36 才，一平方公尺= 10.89 才，方便快速計算方式為：長度（cm）× 寬度（cm）÷918 = 才數

空間設計暨圖片提供｜明代設計

石材施工費用會隨著施工位置與難度而有落差，因此最終費用還是要依據施工現場狀況為準。

9

喜歡豪華氣派的石材，
但聽說不好保養怎麼辦？

石材的價值在於其天然且獨一無二的花紋，也使石材成為時下豪宅展現大器質感的必用建材，而且石材有天然的毛細孔，可以調節溫度，是最適合長久居住的建材。

但不少人聽聞石材不好保養，容易破損而望之卻步，其實石材產生病變的印象，大多是因為沒有挑到對的石材，用在適合的地方以及使用對的施工法，如果材質和工法都能確實掌握，完工之後只要定期拋光研磨，其實比任何材質還要經久耐用。

若仍擔心石材的保養問題，仿石紋磁磚是一種很好的替代選擇，隨著磁磚仿石材技術愈來愈成熟，紋路和表面質感的處理愈來愈擬真，加上大尺寸磚材的趨勢，讓整片磁磚看起來更像石材，幾乎看不出任何差異，且厚度與重量都比石材輕許多，可節省運送成本，並降低建物的承載重量，重要的是磁磚還有好清潔、好保養特性，在空間可運用的範圍更廣泛，也因此目前石紋磚已有取代石材的趨勢。

圖片提供｜睿敏磁磚

現今仿石紋技術愈來愈精進，加上磚材好照顧特性，在居家裝潢時不少人選擇以仿石紋磚取代產量日漸稀少的石材。

10

地板若使用兩種以上的材質，交界處怎麼做比較美觀？

打造開闊空間的設計手法中，利用地板材質轉換可以在視覺與動線延續的狀況下，界定空間裡的各個場域。像是玄關到客廳，常從磁磚轉換到木地板，或者客廳到廚房通常由木地板轉換成磁磚地板，由於不同地板材質施作方式不同，銜接處的修飾收邊處理也有所差異，雖然是小地方，但同樣是非常重要的設計環節。

‧矽利康收邊

矽利康是最常見的收邊材質，價位最低、施工方便少限制，防水、防潮性最佳，可以選擇與地板顏色相近的矽利康收邊，讓整體性更一致，而且不受磁磚形狀限制；兩種異材質拼接使用矽利康收邊，要留意完成地坪水平高度，才不會顯得地面不平整。

‧收邊條收邊

異材質拼接也常見使用收邊條，能修飾預留的伸縮縫，但會略微凸起地面無法完全平整，甚至有點突兀，其實現在收邊條材質非常多元，金屬材質收邊條質感精緻，而且對磁磚的邊角加多了一層防護，但是只能做直線收邊。

‧高低落差收邊

異材質除了平鋪之外，也可以利用些微的地板落差來圍塑更明確的場域，高低落差交界處可以用起步條收邊，若家中有長輩或小孩可改用弧形起步條防止絆倒。

空間設計暨圖片提供｜都市居所

金屬材質收邊是能精緻整合不同材質交界處的方法。

水泥粉光、磐多魔和 EPOXY 看起來都像水泥，差異究竟在哪裡？

好清潔加上俐落現代感的特性，使無縫地坪逐漸從商業空間運用到居家之中，坊間的無縫地坪材質選擇很多，像是 EPOXY、磐多魔、水泥粉光等，都能呈現混凝土般的質樸感，這幾種材質成品看起來似乎差異不大，但卻有著不同的特性。

・環氧樹脂 EPOXY

EPOXY 屬於人造合成樹脂的一種，膠性特質會讓地面帶點彈性，優點是不起砂且極度光滑，具抗酸鹼、防水止滑、防塵等多種機能，但因為 EPOXY 分子結構密實，如果地下濕氣太重，EPOXY 塗層會膨起，時間一久會破裂很難修補，且抗刮和耐候性較差。

・磐多魔 Pandomo

磐多魔是德國 ARDEX 研發的材料，類似產品還有優的鋼石、萊特水泥等，都是以水泥為基材的塗料，因不同廠牌配方比例有所差異，耐磨程度也有所不同。磐多魔可調出多種色彩，讓無縫地坪有多種層次變化。

・水泥粉光

水泥粉光是指在抹平的水泥地面，再上一層約 2 ～ 5mm 細膩薄水泥讓表面更光滑。水泥施工時靠師傅將水泥砂漿抹在地上，再用鏝刀慢慢修飾，因此會有手工抹痕，粉光層是否夠光滑端看師傅手藝。水泥有些不完美的特質，使用時間久會有裂痕、起砂或變色，選擇水泥粉光作為地坪前，要先評做是否能接受。

	環氧樹脂 EPOXY	磐多魔 Pandomo	水泥粉光
優點	・施工快速 ・表面光滑 ・防水抗滲	・顏色多元 ・無縫美觀 ・平滑好清潔	・無縫美觀 ・呈現較自然
缺點	・怕水氣、油污、重壓 ・不耐刮 ・耐衝擊性低 ・怕尖銳硬物	・怕水氣、油污 ・價格昂貴 ・易滲透吃色 ・容易有氣孔	・容易有裂痕 ・粉塵重 ・時間久會變色

12

磁磚看起來都很像，品質如何比較？

在選擇居家建材時，不少人覺得磁磚只要外觀好看就好，不知如何判斷地板磁磚好壞，台灣地震頻繁，到夏季又有颱風，這些環境氣侯因素，都會影響房屋內外建材的壽命，而劣質磁磚輕則顏色不均、表面不平整而影響品質，嚴重的話可能無預警發生碎裂、掉落影響居家安全，因此挑選磁磚一定要堅固耐用。

到建材行或磁磚行選購時，第一步要找可靠的店家，並且詢問磁磚生產廠商是否有檢驗報告，若是真的選到品牌不熟悉的磁磚，選購時應注意是否有認證保障，像是「MIT微笑標章認證」、「CNS國家檢驗」、「環保標章」至少避免選到劣質磁磚多一層安全保障，國內有些廠商有提供售後保固服務，發生狀況時也能得到更完善的處理。

在挑選磁磚時可以注意幾個地方來初步判斷磁磚的好壞，1. 硬度要高。2. 吸水率要低。3. 平整度要好。4. 抗折度要強。6. 標記清楚。由於台灣氣候環境因素，對磁磚的品質要求更高，掌握這幾個要點，才能有安全安全的居住空間。

磁磚標準	判斷方法
硬度要高	輕敲磁磚聲音要輕脆
吸水率要低	CNS 標準標示瓷質磚吸水率 3% 以下
平整度要好	水平直視兩個對角翹曲度要小
厚薄度要均勻	CNS 標準厚度製作尺度許可誤差 ±0.5
抗折度要強	CNS 標準面磚彎曲破壞載重及抗彎強度 540N 以上
標記清楚	磁磚坯底要標示商標標記及產地

地板材質種類那麼多，怎麼知道哪種材質比較適合居家空間？

地板是家中範圍最大，也最常接觸到的材質，選擇上除了好看美觀，更要從居住環境和生活習慣來思考，因此了解材質的特色才能做出適合居家空間材質的最好判斷。

・磁磚地板

優點：好清潔保養、耐潮濕、款式多樣、價格平實、使用年限長
缺點：材質冰冷、遇水易滑

大家最熟悉的地板材質，以台灣氣候環境來說，磁磚具有極佳的防水性與耐磨度，的確是許多人心目中首選，而且現在磁磚款式多元，仿造出幾可亂真的木材、石材等紋理，能變化出各種居家風格，缺點是材質冰冷，若是光滑表面遇水容易滑倒，因此在室內走動時最好穿止滑拖鞋，光滑面磁磚不建議使用於浴室。

・實木地板

優點：紋路自然、觸感溫潤扎實
缺點：容易受潮、可能受蟲害、單價高

現代人講求休閒感的居家生活，使得木地板相當受到喜愛，原木製成的實木地板觸感溫潤紮實，自然漂亮的紋路讓空間變得柔和溫暖，但容易因受潮而損害，也必須留意蟲害，價格偏高，因此使用實木地板，須先確保該空間濕度範圍。

・超耐磨地板

優點：耐磨度佳、樣式多元、無蟲害
缺點：易受潮變形、實木觸感較不真實

想要實木地板感覺，又要容易清潔保養，超耐磨地板成為現代人木地板的選擇新方案，以印刷方式仿製木頭紋理因此樣式多元，耐磨表面材提供很好的保護，不易刮傷、拆裝容易，但較沒有實木的自然觸感，也容易因受潮而變形。

・**大理石地板**

優點：不易變形、堅固耐磨、能展現大氣奢華感

缺點：價格較昂貴、抗汙性較差、容易吃色、需定期保養

種類及花色多樣，獨一無二的石材紋理能彰顯居家大器質感，但天然石材具熱脹冷縮特質，也因材質有孔隙易吸附水氣與髒污，保養上要特別費心，適合用於公共空間提升質感。

14

想用踩起來很舒服的實木地板，但聽說實木地板很難照顧？

在眾多地板材質中，實木地板自然的紋理不但踩踏時有溫潤觸感，且能呈現溫暖的居家氛圍，幾乎是許多人心中首選。但處於亞熱帶的台灣濕氣重，在選購、使用及保養上都要注意，才能買得安心，用得安心。

選購：留意膨脹係數

選購實木地板，建議選擇有「低膨脹率標章」的木地板，降低木地板因長時間熱脹冷縮下形成溝縫的機率。

保養：保持通風乾燥

保養不易一直是實木地板的缺點，除了容易刮傷、蟲蛀，清潔也較耗費心力，不小心打翻咖啡、飲料，或家中毛小孩隨地尿尿都要盡快處理，否則會有味道或清潔上的困擾；最好保持室內乾燥通風，否則靠窗區域長時間淋雨潮濕可能腐壞，夏季要避免木地板長時間曝曬造成褪色。

清潔：簡單除塵勿濕拖

實木地皮清潔以吸塵、除塵為主，拖地則用半乾濕方式大面積處理，若是嚴重髒污則用稀釋的中性清潔劑做局部清潔，避免使用酸鹼過強的清潔劑或漂白水造成木質褪色。

15

地板鋪水磨石，
施工會不會很麻煩？

早期台灣許多透天厝可以看到洗石子外牆、磨石子地板，這種經典又傳統的建材近年又重回室內設計，只是在色彩和施工方法都有嶄新的呈現。由於傳統水磨石為「現澆水磨石」，是將碎石子、玻璃、石英石材料與水泥混製後，在現場澆灌凝結再反覆打磨拋光，可以拼花、染色以及鑲嵌金屬，因為施工耗時費力又不環保，願意施作的師傅愈來愈少，因此逐漸被其他材質取代。

現今主流的「預製水磨石」是預先製作好水磨石大板，再依據設計圖裁切尺寸，再到現場進行鋪裝及填縫、拋光等工程，施工類似天然大理石的乾式工法，預製的水磨石板能減少損耗產生，成品接縫也較不明顯，人力成本也節省不少。

水磨石地板表面有著天然石材一樣的光澤，但更容易保養清潔且耐磨耐刮，使用壽命非常長。隨著水磨石的花色擺脫古樸的印象，在色彩和比例上更多樣創新，應用層面也愈來愈廣，除了地板之外也可以作為吧檯檯面、壁面等，成為現今熱門的時尚材質之一。

16

不同空間的地板材質，
應該怎麼挑？

地板可是在整體空間中佔據最大面積的建材之一，不同材質的選擇搭配不僅決定空間呈現的感覺，更關乎到居住舒適度，因此地板材質不但要美觀，更要從空間使用情境和需求來選搭。

· **玄關地板**
建議材質：磁磚／花磚、水磨石、大理石、花崗岩
位在進出口大門的玄關雖然面積不大，但要對應外出進門鞋子和衣服的灰塵泥土，因此耐磨、好清潔是挑選重點，使用有特色花紋的地板材質，可讓來訪客人一入門便留下好印象。

· **客廳＋餐廳地板**
建議材質：大理石、磁磚、木地板、超耐磨木地板、海島型木地板
開放式空間設計將客廳、餐廳視為同一個休憩場域，活動範圍擴增，使地坪材質選擇上要能展現整體空間基礎調性，石材大器奢華，木材溫暖舒適，無接縫地坪簡約現代，磁磚實用美觀，挑選時可依照環境狀況、使用需求及喜好風格選擇。

・廚房地板

建議材質：防滑磁磚地板、超耐磨木地板、陶磚、水磨石

廚房容易因油煙、醬汁、菜渣或其他食物，在地板上累積黏膩的汙漬，廚房地板要以功能和耐用程度來考量，且應該要易於清潔且經久耐用，不易打滑為主。

・衛浴地板

建議材質：板岩磚、馬賽克磚、木紋磚、止滑磁磚、復古磚

居家中最容易發生滑倒意外的地方，地板材質是決定安全因素最重要的一環，應以止滑、吸水率低為優先考量，防滑性高的浴室磁磚表面設計都較為粗糙，或有特殊防滑表層，目的是增加磨擦係數以達到止滑效果。

・臥房地板

建議材質：實木地皮、超耐磨木地板、海島型木地板、竹地板

臥房除了顧及美感和機能，地板觸感也很重要，藉由踩踏觸感的轉換，可引導身體進入休息模式；實木地板是最能讓人放鬆的材質，而現今替代實木的木地板材質選擇性多，可根據風格搭配，更能營造出溫馨感。

空間設計暨圖片提供｜木介空間設計

在開放空間，可依區域使用不同
材質的地板材，只是在交界處需
特別注意收邊問題。

薄板磁磚也是磁磚的一種，具備與一般磁磚耐磨、好清理等磚材優點，但在尺寸上卻顛覆傳統磁磚愈大就會愈厚的原理。過去以傳統技術燒製而成的磁磚，當尺寸達一定大小，若厚度不足，兩側就會翹起，磚材尺寸也因此受到拘限。然而隨著製磚技術愈趨先進，在歐洲利用其專業技術，將 60×120cm、120×120cm 等大小的磁磚厚度控制在約只有 6mm 至 9mm 左右，解決了過往磚材受限尺寸與重量的問題。

薄板磚基本上可用於壁面、地面和檯面，而且基於尺寸上的優勢，有些電視牆甚至只需使用一塊薄板磚，不需再做拼接，主要採硬底施工，施工人數至少需 2 人以上，視尺寸大小也可能需要 3 至 4 人一起施作，目前主要以進口為主，價格比國產磁磚高。

薄板磚可說是磚材新趨勢，很多人選擇使用薄板磚，多是因為完成面可減少拼接縫隙，視覺上更具美感，若選用仿石紋類的薄板磚，更能展現如天然石材般的大器空間感。使用薄板磚確實極具視覺效果，但整體費用會比使用一般磁磚高，而若是想以薄板磚取代石材，整體費用則不一定比較便宜，但優勢在於可呈現石材效果，又比石材好照顧。

藝術水泥又稱微水泥，是一種新型態塗料，主要成分是水泥、水性樹脂、聚合物、石英、礦物顏料等，和做為黏著劑的傳統水泥不同，藝術水泥主要用來做為表面裝飾材料使用，可做出不同質地變化，完成面質感與磐多魔、優的鋼石相近，由於施工快速且本身堅硬、附著力高可呈現無縫表面，因而是近年逐漸受到注意的一種可用於地壁的建材。

材質比較

	微水泥	磐多魔／優的鋼石
施作時間	3－5天	7－10天
厚度	2－3mm	5－10mm
適用範圍	牆面、地板，乾濕區不限，也外牆適用	牆面與地板，濕區不適合

踢腳板主要功能是用來保護牆面，與美化地面與牆面間的接縫，雖說是功能性用途，但挑選時注意以下幾個重點，可讓踢腳板融入整體空間風格，而不會感覺太過突兀。

材質：
依空間風格挑選適當材質，市面上常見有：木質、石材、金屬、塑料等材質，其中木質踢腳板可加工性強，施工方便，最為廣泛使用，塑料質感較差，但價錢便宜。

顏色：
選用和牆面或地磚一致或接近色；也可選和牆面或地磚高反差的顏色。

尺寸：
踢腳板高度並沒有制式規定，但可從空間高度比例、功能需求，做為挑選標準，但若低於 8.5cm，就沒什麼保護牆面功能。

矽利康是一種居家裝潢常用的材料，大致上可分成水性、中性、酸性和防霉矽利康，而由於室內不像室外，容易受氣候等因素影響，因此不需強調特殊功能，基本上選擇中性矽利康來為地板收邊即可，除非是廚房或衛浴這種容易發霉的區域，則可改用防霉矽利康。

一般使用矽利康做地板收邊，寬度約只有 1～1.2cm 看起來比較美觀，且家具也可靠牆，但若有髒污較不好清潔，最好一有髒污就用濕抹布擦拭。

Chapter

\\3/

壁面建材

壁面經常使用裝飾材加以妝
點，藉此形成空間裡的視覺
焦點，不過同時隔牆也擔負
著劃分空間功能，因此在選
用壁面建材時，除了表面裝
飾材的挑選之外，關係到居
家隔音、安全的隔牆結構建
材，選用時更需仔細謹慎。

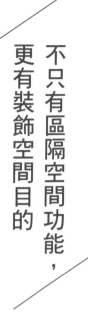

不只有區隔空間功能，更有裝飾空間目的

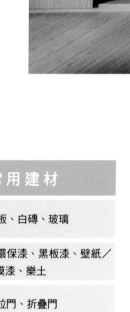

居家空間裡的隔間牆，主要有承重、劃分空間，並可在壁面鋪貼裝飾材，做為裝飾空間等功能。早期居家空間最常看到的是磚牆和 RC 牆，因為磚和水泥材質堅固，隔音效果佳，但因為工序繁複、費用高，且因厚度關係容易佔據過多空間。隨著科技進步，隔間材與施工方式有了更多選擇，除了具備防火、隔音功能，重量減輕，牆面厚度也變薄，可避免空間因隔牆變小。不過選擇變多，但不同隔間材各有其優缺點，應從本身需求、預算以及空間條件幾個面向來做選擇，以確保居家空間的安全與居住舒適。

使用建材

種類	特性	常用建材
隔間材	用來劃分空間，區隔出不同區域。	陶粒板、白磚、玻璃
壁面裝飾材	美化空間為主要功能。	磚石、油漆、環保漆、黑板漆、壁紙／壁布、仿清水模漆、樂土
門	用來彈性劃分空間，並適當阻隔噪音。	推拉門、折疊門

注意事項

| POINT1 |

視個人對空間與隔牆需求，選擇適當的隔牆材質與施工方式。

| POINT2 |

牆面過多裝飾，容易失去視覺重心，選擇一面主牆重點裝飾即可。

| POINT3 |

使用材質、施工方式不同，費用也有差異，需確定是否合乎預算。

空間設計暨圖片提供｜明代設計

在早期建築物裡，最常見的隔牆材質以磚材和水泥居多，然而磚牆和 RC 牆造價偏高，若是想更動隔局拆除時也比較費工，因此除了必要的承重牆，仍以 RC 牆為主外，因應時下對居家空間格局的規劃要求，隔間牆材質和施工方式有了更多樣化選擇，屋主因此可依據對空間的期待與需求，選用更適合自身預算與空間條件的材質來打造隔牆。

新興材質與施工，隨意打造空間

根據施工方式，隔牆可概分為兩大類：一種是土水施工，隔牆主要建材為紅磚和水泥，隔音效果好，壁掛能力強，但重量較重，若不是原始建築隔牆，要注意是否有會讓建築承重過重的問題；另一種施工方式為輕隔間施工，早期輕隔間以木作隔間為主，後來則有輕鋼架，發展至今更多了陶粒板、白磚等重量輕又好施工的建材選擇，輕隔間的好處是，完工壁面平整度佳，施工較為快速，費用比土水施工便宜，適合屋主更動格局需求。除了以上幾種常見隔間，過去裝飾為主的玻璃材質也逐漸成為隔間材選項，因為玻璃清透特性，很適合使用在採光不佳，坪數偏小的空間。

隔間材施工與細節注意

白磚隔間施工

STEP1. 放磚牆地面鋪一層薄水泥砂漿。

STEP2. 與紅磚牆一樣採交丁法砌磚牆。

STEP3. 磚縫處及與牆面交界處填縫。

STEP4. 表面批土完成。

磚與 RC 牆間要留約 1.5cm 縫隙。砌磚過程中，磚與 RC 牆間的縫隙要以 L 型鐵件相接固定，完成後再用 PU 發泡劑填滿。

磚與磚之間必需使用白磚專用黏著劑固定。

陶粒板隔間施工

STEP1. 依設計圖配置釘擊上下ㄇ字槽或 L 型槽。

STEP2. 依需求裁切板材後，再逐片安裝。

STEP3. 組板牆組裝後，以蝴蝶夾及角尺水平調整及固定。

STEP4. 牆板密接處填縫，並上灌漿至飽滿。

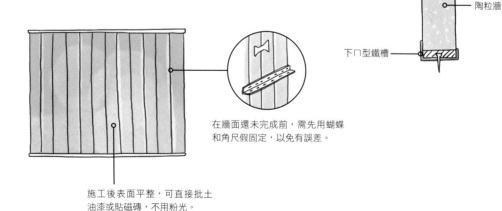

上ㄇ型鐵槽

陶粒牆

下ㄇ型鐵槽

在牆面還未完成前，需先用蝴蝶和角尺假固定，以免有誤差。

施工後表面平整，可直接批土油漆或貼磁磚，不用粉光。

輕隔間材

應配合空間條件和使用需求，選擇適合的施工與隔間材。

輕隔間工法裡，根據材質與工法，主要有鋼製輕隔間（乾式、濕式）、白磚牆輕隔間、陶粒牆隔間與木作輕隔間，不同工法、材質各有優缺點，應配合空間需求選擇。

輕鋼架隔間

乾式：

材質：輕鋼架＋各式板材

以輕鋼架架構牆面骨架，再封上具有防火耐燃板材，如：石膏板、矽酸鈣板、水泥板等。

濕式：

材質：輕鋼架＋各式板材＋灌漿

使用輕鋼架架構出牆面骨架，接著封上板材後，在隔間牆上開洞，然後施以灌漿。

白磚牆隔間

材質：輕質白磚

簡稱 ALC，俗稱白磚，隔音、隔熱效果佳，一般多製成

空間設計暨圖片提供｜明代設計

磚塊狀，施工方式與磚牆一樣採疊砌式，但不需澆水、泥砂，磚牆砌好後不需水泥粉光，直接批土即可上漆；牆面厚度常見有 10cm、12.5cm、15cm，愈厚隔音效果愈好。

陶粒牆隔間

材質：陶粒板＋角鋼＋砂漿

高溫窯燒而成的陶粒，混合水泥、砂、發泡劑，內夾鋼絲網澆置成塊，依空間需求，切割成不同厚度的板塊，運至現場組裝，接縫處採灌漿方式將板材結合成牆體。完成隔牆厚度約8cm，比一般水泥牆薄，比紅磚牆輕，板材具抗震、防火、隔音、隔熱特性。

木作隔間

材質：角料＋各式板材

以木作角料架構牆面骨架，接著再封上具有防火耐燃板材，如：石膏板、矽酸鈣板、水泥板等。

玻璃

| POINT |

使用玻璃做為隔間，最好使用厚度約 5cm 的強化玻璃比較安全。

清透具穿透性的玻璃材，過去多是居家裝潢裡的配角，運用在局部裝飾居多，然而隨著現今居家愈來愈重視空間的使用彈性與採光，加上住在人口密集的都市裡，坪數通常不大，於是可延伸視線、引入光線

空間設計暨圖片提供｜構設計

的玻璃材質，便成了隔間材的選項之一。不過玻璃為易碎材質，基於安全考量，做為隔間牆時，應使用強化玻璃來確保居家安全。玻璃材質單純，但藉由後製加工，便可變化出不同樣貌，以供不同需求，以下為幾種常用玻璃種類。

‧清玻

最常見的玻璃種類，沒有經過任何加工，無色且透明，穿透度最好，不適用於對空間隱密性要求高的人，一般多使用在不需具備隱私性的公共區域。

‧噴砂玻璃

玻璃表面經過加工後，可有透光不透視效果，適合使用在隱私要求高的浴室、私人空間，與效果類似的磨砂玻璃相比，價格較為便宜。

‧有色玻璃

將原本無色的清玻，透過加工而成為灰色、茶色、黑色等有顏色的玻璃，一般多是根據希望達到的遮蔽效果，與空間風格調性，來選用適合的玻璃顏色。

‧長虹玻璃

壓紋雖為豎條，仍屬於壓花玻璃的一種，保有玻璃原有通透特性，因壓紋關係可有半遮擋視線作用，適合使用在極簡、現代居家空間。

圖片提供｜福鑫建材有限公司

壁面裝飾材

不只是隔牆，更是空間視覺焦點

當隔牆完成之後，除了滿足功能性的壁掛、隔間功能外，為了視覺上的美觀，會在牆面再加以修飾、美化，其中最簡單也最快的方式，就是在壁面塗上一層漆料，不過若是想打造出更具個人特色的空間，可選擇不同類型的表面裝飾材加以妝點。

不只單純素面，更有豐富質感

壁面裝飾材比較常用的有磚石、塗料、壁紙等幾種材質，磁磚是其中最為廣泛使用的建材，清潔上也最為便利，不過應依據不同空間的功能需求，選用適合的壁面磚材；石材來自大自然，為了呈現原始紋理，多會採用大尺寸或大面積來鋪貼，藉此也可增添空間大器質感，但因表面多為粗糙面及天然石材特性，清潔上會較為費心。塗料可再細分成油漆、特殊塗料，油漆雖是最普通的選擇，但只要選對顏色，也能讓空間大變身；特殊塗料除了可替壁面創造特殊效果外，有的塗料還能為壁面增加功能性，如：黑板漆、磁性漆等；而若想為空間增加更多繽紛元素，建議選用圖案、色彩豐富的壁紙、壁布，如擔心進口壁紙價錢過高無法負擔，只要選一道主牆鋪貼，便可輕易達到妝點空間目的。

壁面裝飾材施工與細節注意

RC 牆

一般水泥牆面，需要確定是否為完全乾燥的狀態，新的牆面通常須經過 30 天養成後才可塗刷油漆。

紅磚牆

磚牆砌好後，接著先在表面上一層水泥砂漿，也稱為打粗底，但若是貼磁磚，只需打底、塗上防水層即可施作，不需粉光。

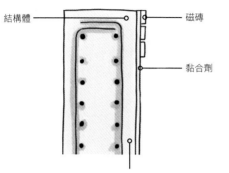

結構體
磁磚
黏合劑

通常在上完防水層後，再做打毛動作，讓後續貼磚可以更牢固。若要上油漆，則會在表面上一層底漆後再上油漆。

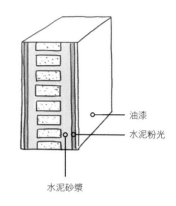

油漆
水泥粉光
水泥砂漿

輕鋼架隔間

一般輕隔間做法大多是骨架完成後封板，會由好幾片板材接合成一面牆，所以接合處需做填縫處理，接著再做批土，讓表面平整，如此才能開始進行牆面裝飾材，如：刷油料、貼磚等施工。

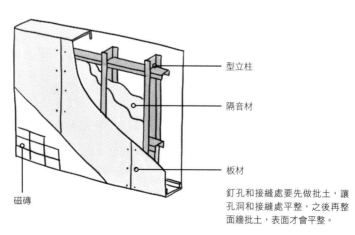

型立柱
隔音材
板材

釘孔和接縫處要先做批土，讓孔洞和接縫處平整，之後再整面牆批土，表面才會平整。

磁磚

磚石

| POINT |

磚材功能性和裝飾性強，石材多為裝飾目的，確認空間需求後，再做建材的選擇。

磁磚和石材是居家裝潢建材裡使用率最高的建材之一，因為不只可用於地面、牆面，甚至也可用於檯面，而依據兩種材質特性，在實際應用時也會有不同考量。當磁磚用於牆面，除了裝飾效果，還可保護牆面避免破損、沾污，除了好看，抗污功能也是選用重點。石材養護不易，使用石材的主要目的，通常是想透過本身紋理與質感來裝飾空間，挑選重點就著重在石材種類及其外觀顏色、紋理能否與空間搭配。不過不管是磁磚或石材，根據使用區域特性，有其常用種類，以下是幾種常用於牆面的磚石。

・馬賽克磚

馬賽克通常是由數十塊小塊的磚拼組成一個大磚，或者拼出一個藝術性圖案，因此馬賽克磚多是做成易於拼貼的正方形或六邊形，具有耐酸、耐鹼、耐磨等特性，不過因為是以多個磁磚拼貼而成，縫隙較多，易藏污納垢。

・金屬磚

坯體表面施加金屬釉後再經過1200C高溫燒製而成，表面可呈現如鐵鏽般帶斑駁感的顏色與質感，也能呈現如金屬般光滑亮面質地，運用在空間可創造出獨特視覺效果，卻能免去真實金屬容易發生的生鏽與觸感冰冷問題。

・釉面磚

磚體淋上釉，可增加磁磚耐用度，具抗酸、抗鹼特性，藉由在釉料加入色料，可延伸出各種豐富圖案、色彩變化，防污效果好，耐磨性差，適合使用在易沾染髒污，但不會因踩踏而造成磨損的牆面。

・文化磚

一種裝飾磚，人工燒製磁磚後，在磚面做藝術處理，可做出仿舊或仿天然石材等效果，外型上多是做成長條型，施工方式與磚牆類似，多會裝飾在室內的電視牆、主牆等區域。

· **人造石**

一種環保無毒的建材，根據不同類型，成分略有差異，但主要成分為樹脂、鋁粉、大理石粉、方解石、顏料和固化劑。因是由人工製成，因此藉由不同材質組合，人造石有多種顏色、圖案可選擇，結構緊密無毛細孔，不易滋生細菌、不易沾染污漬，相當好清潔，因此最常被運用在廚房、浴室等區域的檯面。

· **文化石**

文化石和文化磚最大的區別就是材質的差異，文化磚是黏土燒製而成的磁磚；而文化石雖依加工程度分為天然文化石和人造文化石，但主要材質仍以石材為主。天然文化石材料有鵝卵石、砂岩、石英板等，人造文化石則由浮石、陶粒等材料加工製成。不論天然或人造，文化石都有質地輕、強度高、耐腐蝕、耐風化等特點。

圖片提供｜春陽磁磚

油漆

可根據需求選擇適合產品,勿在室內空間選用成份有害的油性漆。

油漆是最為人熟知且普及的建材之一,更是在進行居家裝修時,使用最為廣泛,在價格上也比較平價的選擇。根據

空間設計暨圖片提供|庵設計

內含成分可分為油性及水性,水性以水為溶劑,具有不引火,低臭味不含甲醛、鉛、鎘、鉻重金屬特點,是環保的水性高性能塗料,通常以水稀釋後再施工。油性漆內含有化學溶劑如:香蕉水、甲苯、二甲苯、松香水等,對人體有害的物質,隨著民眾對環境及健康的重視,目前居家空間多採用水性漆。

油性漆雖因內含物不適合使用於居家,但因其附著強、施工快、耐水、耐鹼性,相當適合使用於易受風吹日曬的大門、建築物外牆等區域。除了水性與油性的差異,目前裝修最常使用的油漆有:水性水泥漆與乳膠漆,這二種塗料皆屬於水溶性塗料,也就是不採用甲苯類稀釋劑,對於健康與環境空氣污染上較無危害,水泥漆樹脂粒子比較粗,屬於經濟實惠型的基本款塗料,乳膠漆原料等級較高,質地較細緻。

材質比較

	水性水泥漆	油性水泥漆	乳膠漆
適用區域	較不注重牆面細緻質感的室內空間。	大門、建築物外牆	注重牆面質感的室內牆面、天花。
耐用壽命	2～3 年	依環境而定	5～6 年
優點	價格平易近人、好塗刷、覆蓋力佳	耐水、耐鹼性佳、附著力強	具防霉、抗菌效果,不易褪色、抗水性也較好、保養容易
缺點	容易泛黃,較無功能性,且抗水性較差,若用濕抹布擦拭,易有脫色、掉粉問題。	需以二甲苯稀釋調漆,對人體有害,不適用於室內。	需多道塗刷、價格較為昂貴

環保塗料

| POINT |

盡量要選擇信譽好、知名度高的品牌，比較能確保有一定品質。

過去居家空間最常使用的塗料就是油漆，但因油漆裡面多含有甲醛、重金屬等物質，對人體不好，對環境來說也不夠環保，尤其現在人愈來愈注重居家安全，因此大多傾向使用環保塗料來取代一般油漆。而所謂的環保塗料，是指甲醛、重金屬、VOC含量低，並皆有經歐盟認證，且由於無添加香精等物質，氣味溫和、沒有刺鼻味。一般環保塗料價格比油漆來得高，但由於筋膜飽滿，固化量高，塗刷次數比一般油漆來得少，相比之下整體施工費用不見得比一般油漆高。

圖片提供｜福鑫建材有限公司

黑板漆

| POINT |

水性黑板漆比油性更安全，價格比較高，施工期也比較長。

是一種可產生類似黑板功能的特殊塗料，讓牆面可以像黑板一樣用來書寫或塗鴉。黑板漆可分為油性及水性兩種，油性較水性耐用，一般學校教室黑板因使用率高，採用的就是油性黑板漆，而居家空間基於安全與使用習慣，比較適用環保無毒的水性黑板漆，牆上痕跡以濕布擦拭即可。過去大家對黑板既定印象大多是黑色或綠色，但其實黑板漆顏色豐富，可依個人喜好與空間風格選用。一般來說，黑板漆適合施作於居家常用的各種板材，但不適合施作在像是塑膠這類光滑面的底材。

圖片提供｜福鑫建材有限公司

仿清水模塗料

| POINT |

雖然比真正的清水模工序簡單,仍需注意施工細節,才能更接近真實清水模質感。

仿清水模塗料是源自於日本的一種膠泥塗料,具有高黏性和耐候性,並藉由師傅的技術,可將塗料直接施作在牆面上,施作方式如同一般塗料直接塗抹於壁面,既不需木作,牆面

厚度也不會增加,施工天數更為快速,價錢也不若清水模高,還能仿造如清水模質感及特有的螺栓孔、溢漿溝縫,是替代清水模最好的建材。和其它仿清水模建材如:後製清水模、水泥板等建材相比,仿清水模塗料花紋一致、不易失敗,且保養方式簡單,雖說較常見用於牆面,但其實也可用於地面。

空間設計暨圖片提供|構設計

樂土

| POINT |

有不同顏色選擇,若想在表面製造紋理,建議採用刀痕較為明顯的水泥灰。

原本是淤積在水庫底部的廢土,被改質為可防水透氣塗料。因擁有特殊分子結構,因此具備防水透氣功能,適用於建築外牆或者室內,可有效降低裂紋產生並達到防水效果。除此

之外,樂土亦有耐久、耐候、透氣等特性,不過不太建議使用於浴室這種易產生水氣的區域。由於樂土完成面,看起來類似水泥,但不像水泥容易有裂痕、起砂等問題,因此有些人會以樂土取代水泥。主要施作於牆面,施工方式則與其它特殊塗料類似,不過可藉由師傅技巧製造出紋理,讓表面更具獨特性。

空間設計暨圖片提供|木介空間設計

壁紙／壁布

若有預算考量，可挑選一面主牆鋪貼，達成節省費用與裝飾目的。

壁紙是一種被廣泛使用在居家空間牆面的裝潢建材，由於圖案、色彩豐富，選擇多樣化，施工容易，可快速改變空間氛圍，因此在進行居家裝潢時，是許多人會選用的建材。

而隨著時代的演進，壁紙在材質上除了過去常見的紙面壁紙之外，更發展出多種不同材質，如：PVC 塑膠壁紙、木纖維壁紙、金屬壁紙，以及表面有立體感的發泡壁紙等，提供人們除了表面圖案的選擇外，還可依喜好與需求使用不同材質，來為牆面製造出更豐富的質感變化。

圖片提供｜禧鑫建材有限公司

與壁紙功能相近的壁布，主要材質則為不識布，表面圖案除了以轉印方式印製而成，也常見以繡花方式來讓圖案更為立體。一般壁布寬幅通常大於壁紙，因此完成面不易有縫隙，且耐用、耐撞、隔音效果好，因此常見商業空間選擇使用壁布居多，但壁布價格昂貴，且施工難度高，需由專業有經驗的師傅施工。

其實壁紙和壁布的選擇，全看個人喜好與預算，一般來説進口壁紙價錢高於國產壁紙，而壁布價錢又高於壁紙，挑選時建議先從功能性、顏色做挑選，接著再就風格、圖案選出喜歡的壁紙或壁布。

門

空間設計暨圖片提供 | 庵設計

不只門片，也可做為隔間牆

門一直以來擔任是隔開室內室外的角色，使用的門片也大多是成品，沒有太多的設計造型，然而隨著現在居住空間愈來愈小，加上現代人對於空間的需求與期待與過去不同，門的形式、功能也跟著變化。

打破隔牆形式，無限延伸空間

過去門的選擇形式單一，而現在則有推拉門、折疊門、旋轉門等款式，其中推拉門和折疊門更成為現在最常選用的建材之一，主要是為了因應現在人希望增加空間開闊感，與使用上的靈活與彈性，因此相較於實體隔間牆，人們更傾向於以門片的形式，與門片開闔方式，來讓格局有更多變化與使用上的彈性，在材質上則採用清透的玻璃材質，來達成視覺上的穿透與延伸，進而讓空間感覺更為寬闊。

不過推拉門和折疊門由於其運作方式，相較於其它門片來得複雜，因此在造價與費用上，也會比較高，雖說可隨意安裝在你想要的區域，但若想以門片取代隔間，也希望發揮門片特性，仍有一定的空間限制，像是推拉門比較適合 30 坪以上大小的空間，折疊門彈性較大，就算是小坪數空間也適用。

門的施工與細節注意

連動式推拉門

以常見的60cm、3 片門規格為例，門片寬為180cm，隔間牆寬應大於門片寬，否則會失去裝置連動拉門的意義。

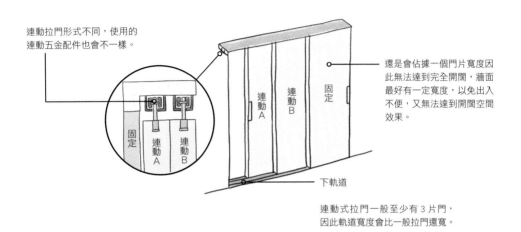

連動拉門形式不同，使用的連動五金配件也會不一樣。

固定　連動A　連動B

連動A　連動B　固定

還是會佔據一個門片寬度因此無法達到完全開闊，牆面最好有一定寬度，以免出入不便，又無法達到開闊空間效果。

下軌道

連動式拉門一般至少有 3 片門，因此軌道寬度會比一般拉門還寬。

折疊門

和推拉門相比，折疊門較不佔空間，而且打開也可呈現完全開闊的空間感，但五金等安裝較複雜，且密閉性差，隔音效果不佳。

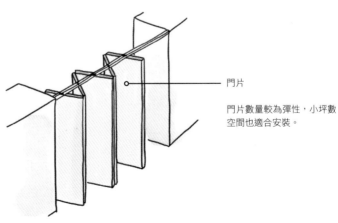

門片

門片數量較為彈性，小坪數空間也適合安裝。

推拉門

| POINT |

除了門片的挑選之外，門片的安裝形式攸關費用，應一併考量進去。

推拉門指的是藉由門片在軌道上滑動，向左右兩側開闔形式的門片，開闔時不需費太多力氣，不需跟一般門片一樣留有迴旋空間，因此相當節省空間。拉門依照活動形式，可分成「連動式」與「非連動式」，連動式是由軌道、滑輪、滑軌等組合而成，可將多扇門片彼此帶動的一種推拉門款式。

而根據滑軌置入位置，推拉門又可再分成「懸吊式」與「落地式」，懸吊式是在天花板置入滑軌，由於地面不設置滑軌，不會有軌道卡灰塵問題，但門片重量全依靠天花支撐，所以需確認天花板是否足以承重，落地式則是在天花和地板置入軌道，使用起來比較穩定，但建議應固定清潔軌道以延長門片使用壽命。

連動推拉門使用起來便利、具有彈性，因此成為許多居家愛用的彈性隔間選擇，不過若是將其視為一種隔間形式，會建議裝設在至少需三扇門片，且開口較大的區域，如此才能善用連動推拉門優勢，靈活、彈性地使用空間。

空間設計暨圖片提供｜構設計

折疊門

室內室外著重功能不同，應就使用區域選擇適合的折疊門。

若是以門片來做為空間隔間形式，折疊門也是相當受到歡迎的選項。折疊門的特色就是，門片可一片片折疊、伸展，藉此來讓空間的使用更彈性。一般常見安裝折疊門的區域，除了室內用來劃分空間之外，也很常用來做為室內外分界，當門片完全打開收於兩側，可讓室內空間向外延伸，感覺更為開闊。

折疊門因為是由多個門片組成，運作方式為將門片疊合，在門片折疊交會處容易堆積髒污，不易清理，且因其開啟方式較為特殊，五金強度要求比較高，施工難度也相對高於推拉門。除此之外，若是安裝在與室外連通處，建議最好將室外條件一併納入考慮，如風壓問題可能影響安裝，需先行了解該區風向，室外處最好設有雨遮，避免雨水滲入，由於門片開啟疊合時，仍會佔用到部分空間，若安裝在陽台區域，最好確認陽台位置是否有足以收納門片的空間。

雖然可達到完全開闊感，但折疊門也因其折疊特色，導致氣密性與隔音效果比較差，不過若是用於室內，則不需考慮氣密與隔音功能，可選用門框較細，看起來更為美觀的門片。

空間設計暨圖片提供｜構設計

空間設計暨圖片提供｜明代設計

將全家的生日密碼藏於屏風

玄關處以傳統的卡榫工法打造一座實木屏風，並將一家「六口」的生日密碼暗藏在虛實交錯的透光方孔造型中，象徵一家人的迎賓之禮，並區隔裡外、適當阻隔向內窺探的視線，也讓光線得以穿透，烘托玄關的沉穩與大器氣勢。

空間設計暨圖片提供｜庵設計

專為毛孩設計的拉門防禦線

適度縮減沙發背牆寬度，給予餐廚區域更舒適的使用空間；同時，專為家中三隻大毛孩設計一道玻璃大拉門，平時可收納於書房內，屋主外出時，只要拉上拉門就能阻隔前後空間，避免家中毛孩們溜到客廳搞破壞，也留給牠們比較寬敞的活動空間和如廁動線，且不阻礙光與視覺的穿透。

仿紅磚磁磚打造鮮明空間風格

夫妻與女兒同住的大坪數空間，運用豐富材質來做場域的變化，女兒專屬的休憩空間裡以烤漆鐵件勾勒門框，加上清玻璃讓光線透入相鄰的空間，牆面以裝飾性強烈的仿紅磚磁磚鋪陳，讓粗獷的質感在當代風格裡做出反差，搭配磁性黑板漆使牆面更具層次也兼具實用功能。

空間設計暨圖片提供｜庵設計

空間設計暨圖片提供｜構設計

木地板電視牆輕鬆打造粗獷觸感

結合居家及辦公的空間以現代休閒風格鋪陳，線條簡約的空間利用材質質感來展現細節，跳脫超耐磨木地板使用框架，選擇仿舊紋鋪設在牆面作為電視主牆裝飾，並刻意做進退面營造出手工拼接效果，粗獷紋理讓牆面更具層次，而超耐磨木地板無論施工或者後續清潔保養都很好處理，右側木作格柵造型不著痕跡的遮擋電箱，直向線條在視覺上也具有平衡視覺的效果。

留一面牆打造毛孩專屬遊樂場

簡化天花裝修，留下更多預算用於書房牆面規劃貓咪專屬遊戲區，將裁切成長短不一的層板和木盒錯落有致地排列於牆面，加上鐵件穩固結構兼具裝飾效果，方便貓咪爬上躍下、盡情玩耍，也構築活潑的立面視覺。

材質細節堆疊出復古老宅風

為了稍微放大客廳空間，將部分隔牆往主臥挪動，並以弧線修飾牆面段差，避免產生銳利直角，讓空間線條變得溫潤柔和，接著以馬賽克磚腰牆、房門、窗花來裝飾牆面，由於皆源於老房子風格元素，因此畫面和諧不顯凌亂，同時也成功營造出濃濃復古氛圍。

空間設計暨圖片提供｜都市居所

空間設計暨圖片提供｜都市居所

拉門隔間變換空間使用好輕鬆

動線從餐廚房延續進入書房及小孩房，三個空間利用開展面較大的拉門做隔間，
讓彼此獨立又緊密相連，拉門材質根據空間需求配置，餐廚與書房採用鐵件搭配
玻璃材質，平日可完全收到牆邊延伸公共區域，長虹玻璃材質能讓日光進入餐廳，
使得採光較差的中央區域明亮感提升，小孩需要唸書時也能有很好的隱密性，小
孩房則以木作拉門維繫與書房的空間感，門關起來也能保有很好的個人隱私。

異材質拼貼個性拉門

在清爽亮敞的餐廚區域中央增設一道彈性拉門，運用木皮、布紋板、長虹玻璃等異材質拼組質樸自然的門片意象。平常可將拉門收納於側牆創造寬敞、互動性極佳的開放場域，必要時，則可以拉上拉門阻隔烹飪時油煙，或在親友來訪時，適當遮擋廚房的凌亂雜物，一舉數得。

空間設計暨圖片提供｜工緒空間設計

收斂設計元素，維持舒眠氛圍

睡寢空間設計不宜太過花俏，以免引響睡眠，因此設計之初，做為基底的白色，便選擇偏暗的白，讓空間氛圍更顯沉穩寧靜，其中一面牆以綠色拼接白牆，延續整體空間用色概念，同時製造視覺變化與趣味，床頭牆則拼貼白松木壓紋系統板，利用相近色系，低調展現紋理變化，既可豐富空間元素，又不失簡約俐落。

空間設計暨圖片提供｜庵設計

梧桐木拼貼帶出臥房粗曠個性

臥房主牆拼貼紋理分明的梧桐木，帶出一室粗獷的休閒氛圍，以及豐富的立面層次；同時，把梧桐木使用愈久顏色愈深的特性，一併與屋主溝通並納入設計思考，讓歲月在這面牆上留下自然的足跡，隨著時光流逝展現多變樣貌。

清透拉門輕巧區分公共場域

已屆齡退休的屋主喜歡優雅的古典風格，空間以經典的線板、磚牆和木地板來建構，雖然平時只有一人居住，但希望家裡能讓親朋好友常來聚聚會、聊聊天、打打牌，公領域格局順著樑柱結構用玻璃拉門作為區域隔間，因此客廳、書房與廚房能彼此共享又能各自獨立，以更靈活方式創造開放式空間，玻璃材質透明特性具有很好的通透性，使得拉門關起時視線能不被阻隔。

空間設計暨圖片提供｜構設計

空間設計暨圖片提供｜都市居所

空間設計暨圖片提供｜都市居所

使用仿石紋磁磚衛浴也有大器質感

客用及主臥衛浴想要加入公共區域的石材元素，來延續整體空間清爽簡約的質感，最常接觸用水的衛浴適合防潮好清理的材質，於是運用仿石紋磁磚讓衛浴做出變化，主臥衛浴牆面以卡拉拉白大理石鋪磚，呈現明亮乾淨的感覺，客用衛浴則在局部牆面鋪設水磨石紋磚，鮮明的圖紋讓衛浴顯得活潑時尚。

空間設計暨圖片提供｜极簡設計

亮面古銅鏡滿足空間風格與機能

在輕古典風格的優雅居家裡，除了要能對應生活機能也要符合整體調性，屋主在家有運動習慣，特別在客廳與玄關之間的中界區域牆面，巧思運用輕巧的設計滿足生活需求，運用線板勾勒衣帽櫃搭配亮面古銅鏡呼應輕古典風格，古銅鏡兼具多種機能，不僅有放大視覺空間的效果，同時方便出門前做衣著確認，平時也是屋主作為瑜珈運動的地方，亮面質感也提升了空間的精緻度。

空間設計暨圖片提供｜工補空間設計

善用色彩注入年輕氣息

空間風格定調為美式風，因此牆面先以線板凸顯風格元素，接著採用亮眼的綠，來與黑色櫃體立面，及深藍色繃布牆面相呼應，沉穩中又不失率性酷感；而由於格局上的變動，讓廚房完全沒有採光，因此在電視牆右側局部設計成格窗，藉此將光線引入，改善缺少採光問題。

空間設計暨圖片提供｜構設計

玻璃滑門取代實牆延展空間自由度

平時一家人最常在餐廳、廚房與多功能室活動，在了解屋主生活形態後，考量待在這三個空間時間比較長，因此捨棄原有一房改採半開放式設計，增加三個空間流通互動性。廚房和練琴室用鐵件打造的玻璃滑門區隔，下廚時可以減少油煙流竄但仍有視覺流動，隨時可照應家中小朋友動態；跨距玻璃滑門共分成4片，這樣不但可輕鬆推移，同時能依使用需求調整使用。

質樸的水泥是不少現代簡約風格喜歡使用的材質，但水泥易裂容易有粉塵的缺點，仍讓許多人卻步，其實現在有許多仿水泥的材質，更能輕鬆能營造出水泥質感。

·水泥板

木絲水泥板及纖維水泥板都是清水模的替代板材，不但具備木板及水泥的優點，質地有如木板輕巧，同時具有水泥堅固、防火、防潮、隔熱性能佳的優點，且水泥板的熱傳導率比其他材質的板材低、掛釘強度高，施工也很方便。

·樂土

樂土是一種將淤積在水庫底部的廢土改質為可防水透氣的塗料，將樂土加入水泥砂漿可使質地變得細緻、有彈性，質感比水泥粉光還好，能防止水分滲入降低裂紋產生。「樂土灰泥」則是質地細緻的超薄砂漿，只需透過一些技法就能模仿清水模壁面，同樣有透氣防水防裂特性。

·仿清水模塗料

仿清水模塗料本來是用來作為清水混凝土老化、劣化的修補再生材料，現在則利用塗料搭配師傅技術仿造清水模效果；仿清水模塗料的特點除了大大縮短工時，還能表現出清水模的螺栓孔、溢漿溝縫，也能表現各種紋理的清水模效果。

·磐多魔 PANDOMO

磐多魔是以水泥為基礎的建材，表層不像水泥會起灰、起砂，也不易變黑、變黃，色彩多元，而且表層有天然氣孔及紋路，能展現天然石材質感，因此可仿製出接近水泥的色澤。

玻璃隔間對於一些小坪數或者採光不佳的空間來說是相當好的隔間材料，但清透無阻隔的特性卻也有缺乏隱私的疑慮，因此多採用加裝窗簾、百葉簾作為遮蔽，但若不想增加清潔困擾的話，那麼選擇加工玻璃作為輕隔間，就能兼顧透光卻不透視的效果，同時還能創造出多變美感。

一般來說玻璃主要分為「壓花玻璃、平板玻璃、磨砂玻璃」三大類，壓花玻璃紋理相當多變，有方格紋、水波紋與鑽石紋等等，可以根據空間風格作選擇，常見的長虹玻璃屬於壓花玻璃的一種，它的壓紋能折射光線模糊物體，保有一定的隱私性同時有透光特性，運用在隔間、推拉門、屏風時，直紋理還可以引導視覺讓天花板感覺變高。磨砂玻璃則是將普通平板玻璃經過機械噴砂、手工研磨或化學方法，把表面處理成半透明狀態，在同時需要隱私及採光的空間，能達到很好的遮蔽效果。

2 使用玻璃做隔間雖然透通，但能兼顧到隱私嗎？

空間設計暨圖片提供｜構設計

不論是以玻璃或門片做彈性隔間，想通透又有開闊感，可依希望的通透程度，來選用清玻、茶玻或壓花玻璃。

3

為什麼同樣坪數
油漆工程報價卻落差很大？

裝修中的油漆工程，有些人為了節省預算陷入要自行 DIY，還是請師傅施作的猶豫中，看似簡單的油漆工程其實有許多工序和眉角，首先了解油漆工程主要流程包括：1. 粗磨與清潔 2. 補土批土 3. 打磨 4. 底漆 5. 面漆。每道流程的細節都是影響油漆價格的因素，主要原因大致包括：油漆種類、工序精緻度、施工者經驗、施作面積大小。

·油漆品牌種類

不同油漆品牌和種類會影響每坪的價格，像是乳膠漆就比水泥漆貴，批土、木作漆也都有很多種品牌，各自的品質都有不同的價格差異。

·工序精緻度

油漆工程分項有各自的價錢，而估價包括這些項目的總和，批土、上漆的道數也會影響價格，例如，二底一度就比一底二度每坪的價格要高。

·施工者經驗

牆面粉刷是否平整細緻，與油漆師傅的經驗、能力有關，每日工資就有所差距，尤其是需要獨特施作工法的特殊塗料，手藝好經驗豐富的師傅才能創造美麗的紋理，價格自然比較高。

·施工面積大小

一般油漆工程價格通常是以牆面坪數來計算，其他像是門框、門片、踢腳板或者木作價格都要另外計算，如果特殊塗料需要另外的工法則可能以「才」計算。

由於影響油漆工程價格因素很多，主要在於「料錢」和「工錢」，在挑選油漆工程時，要選擇可信度高的工程團隊才不會被矇混價格。

空間設計暨圖片提供｜明代設計

若想展現精緻的牆色效果，使用的油漆和施工更講究，費用當然相對也會提高。

4

想打造一面電視主牆，
怎麼做才能成為空間焦點？

客廳是現代人主要交誼的空間，而電視幾乎是一般家庭活動的核心，電視所在的牆面就成為視線最常停留的地方，一面具有風格的電視牆可以在客人心目中留下深刻印象，想要打造一面美觀又實用的電視牆，先確認需求是以裝飾性為主，還是功能性為主？

純粹以裝飾性為主的電視牆面透過材質和造型搭配風格來提升空間美感，可以運用的材質很多元：「大理石材」自然的花色紋理擁有強烈的表現力，能呈現高級質感的輕奢風格。「木素材」給人溫馨、舒適的感覺，能夠營造出自然無壓的氛圍。「磚材」給人一種溫馨又厚實的感覺，不規則的粗獷表面能呈現鄉村風恬靜自然的感覺。

功能性電視牆則是透過定製整面櫃體來提高空間收納或者展示陳列的作用，將電視牆設計為整面「開放式書櫃」可以讓書籍、藝品成為空間裝飾的一部分，另外「隱藏式收納背景牆」則是不著痕跡的將整面電視牆設計為收納櫃，不僅滿足收納需求，裝飾性的門板表現簡潔一致的整體空間感。

空間設計暨圖片提供｜庵設計

利用特殊塗料，改變牆面質感，既能達到吸引視覺目的，也不失簡約俐落感。

想在衛浴牆面使用石材，
但會不會很難照顧？

天然石材擁有獨特的色澤及紋理，但缺點則是單價高且容易有吃色問題，如果要用在潮濕水氣重的浴室，建議選擇較硬、密度大的石材像是大理石和花崗石，不僅能讓使用壽命可延長，後續保養清潔也比較容易。

衛浴用水頻率高，所以石材表面出現水漬或污漬是很常見的狀況，加上水質的軟硬度也會影響石材的光澤和觸感，硬質水容易在表面留下沉積物形成水垢，使石材顯得黯淡無光，因此平時就要作適度養護。除了保持衛浴通風乾燥外，清潔大理石表面比較頑固的污漬時要用中性清潔劑，不能使用強酸或強鹼的清潔用品，使用的清潔道具也要以柔軟的海綿或者布類來擦拭，鋼絲球這類刷具容易對石材造成傷害。衛浴鋪設天然石材勢必要多花一點時間和精力來維護，才能展現材質本身的高貴質感，或者選擇耐潮濕的大理石紋磁磚取代石材，清潔和保養上能更加省時省力。

空間設計暨圖片提供｜都市居所

在潮濕的衛浴選用仿大理石紋磁磚，不但容易保持清潔，同樣能呈現石材的高雅氣質。

都會住宅坪數愈來愈小，想要有效利用空間，利用拉門、折疊門或旋轉門這類活動隔間，不但放大了空間感，還能靈活保持格局間的獨立性，搭配玻璃的鐵件及木作門框設計，更強化了採光、通風與視覺上的流動性，而這三種功能相似的隔間有各自的運作方式，選擇前可以先作比較。

·拉門

拉門根據活動方式可分為「連動式」與「非連動式」，連動式拉門在開關時會同時帶動門扇，非連動式則較能根據需求調整門片位置；若是以拉門軸心的位置又可分為「落地式」和「懸吊式」，落地式拉門較穩固好安裝，而懸吊式拉門天花板需要較強的承重力；若依安裝位置還可分成「平貼式」跟「隱藏式」，前者是指將拉門裝在門洞外側牆面，隱藏式拉門則是把門片藏在牆體裡。

·折疊門

折疊門由相連多扇門片運用折疊方式開啟，可以收整於側牆開展面積較大，對於想創造無隔牆開闊感的人是很好的選擇。

·旋轉門

一般運用在商業空間的旋轉門門片可打開到 180 度，主要能藉由門片創造空間視覺層次，但必需預留足夠的旋轉軸徑，較適用於大坪數空間。

空間設計暨圖片提供｜都市居所

鐵件門框搭配不同壓花玻璃能兼顧隱私和透光性。

隔牆隔音效果不好，是施工還是隔牆建材問題？

現在隔間材質種類選擇很多，目前常見隔間方式可分為紅磚或 RC 牆塑造的「土水施工」隔間，另一種則是「輕隔間施工」。而房間隔音不好的主要原因，通常是空間中有容易漏音的地方，因為聲音折射、繞射的能力很強，只要有一點點空隙就會影響隔音，隔牆材質具備各自的優缺點，隔音效果也有所不同。

傳統以紅磚砌成的牆面和以鋼筋混凝土灌漿方式打造的 RC 牆體，堅固耐用，隔音效果都比輕隔間佳，但由於重量重對建築結構易造成負擔，目前很少使用在室內裝修的隔間。現在室內輕隔間以「輕鋼材隔間」為主流方式，它是以輕型鍍鋅鋼骨（輕鋼架）的骨架，表面封上隔間板材，「乾式輕隔間」板材裡面填充耐燃玻璃棉或岩棉，填充隔音棉 K 數愈大隔音效果愈優異。另一種「溼式輕隔間」則是灌入保麗龍球輕質混凝土，因為有混凝土不透水特性，隔音效果比較好。

「白磚牆」輕隔間主要由結晶氣泡輕質混凝土製成磚塊狀，施工方式與磚造牆一樣屬疊砌式，白磚牆除了質量輕之外，施工快速，且隔音隔熱都很優秀。「陶粒板」輕隔間是由黏土高溫高壓燒製而成陶粒灌鑄的板塊架構而成，具防火、隔熱、保溫等特性，隔音效果也很不錯。木作輕隔間易受潮變形，內部要加入隔熱棉、保利龍作為填充物，才能增加隔音效果。

	濕式輕質灌漿	乾式輕鋼架	白磚牆	陶粒牆	木作牆	紅磚牆	RC 牆
隔音	30 — 40dB	20 — 40dB	30dB	30 — 50dB	40dB	50dB	50dB
厚度	8 — 10cm	8 — 10cm	10cm	10cm	4 — 8cm	12 — 14cm	12cm

白色機乎是不容易出錯的牆面基本色彩，可以讓空間顯得乾淨簡潔，卻似乎少了一些變化，想要讓空間多一點個性，不妨掌握幾個選色重點：

・從喜好顏色著手搭配

想要為空間搭配色彩卻不知從何著手，就從自己喜歡的顏色開始，再擴大明度彩度來選擇，例如喜歡綠色，可以延伸秋香綠、橄欖綠、湖水綠等等來搭配。

・從空間風格延伸點綴

依照風格特性搭配顏色，空間調性就會更加鮮明，像是現代風格就能以黑、白、灰作為基底色；北歐風格則可帶入霧藍、杏桃等低彩度明度的莫蘭迪色彩；工業風格可以在局部漆上磚紅、貨櫃藍等高飽和明亮色彩帶動視覺；美式風格顏色選擇偏向運用暖色調為背景，營造溫暖的歷史氣息。

・從呈現調性來做搭配

眾多色彩大致可以分成冷色調及暖色調，綠、藍、紫給人寧靜、放鬆的感覺，橘、紅、黃屬於暖色調感覺較熱情活潑，只要適當的局部使用，都能帶來截然不同的空間感受。

目前市面有部分五金大賣場、油漆專賣店都有調色機設備，提供選色調色需求，也可以參考色卡顏色作為選色、配色工具，搭配起來會更有概念。

圖片提供｜福鑫建材有限公司

先從自己喜歡的顏色開始，然後依想給予空間的個性，再從這顏色往深或淺色調來做選擇。

怎麼知道使用的塗料和油漆是否健康環保？

現在人居家裝潢都懂得講求環保，傳統油性水泥漆溶劑裡含有甲苯、二甲苯，對環境及人體有害都有一定的認知，因此無論是自己選購或請設計師挑選，都要學會如何辨別環保塗料。

品牌包裝：選購時建議儘量找有信譽有品牌歷史的油漆塗料，外包裝可以從防偽標籤、廠址、生產日期來瞭解，有品質保障的塗料外包裝一般都是平整， 而且密封性良好無鏽蝕等情況，也提供更完整的諮詢與服務，使用起來比較放心。

國家標章：油漆塗料要留意是否有國家標準 CNS 認證，這也是環保塗料基本的品質保證，經過安全規範的審核標準，相對更安心有保障。

氣味辨識：環保塗料須視甲醛、重金屬、VOC（有機揮發物）等汙染物含量而定，含量愈低愈環保，其中質檢報告上的 VOC 含量國家規定， 標準限量為每升不超過 200 克， 品質好的塗料為每升100 克以下，而環保塗料 VOC 幾乎接近為 0。如果用氣味辨別，大部份優質的環保塗料，大多氣味溫和、無刺鼻味。

圖片提供｜構設計

選擇任何塗料、油漆，都應注意是否為環保產品，以免使用於居家空間，對身體健康有害。

貼壁紙時，牆面有需要先做整理嗎？

油漆與壁紙是改變居家氣氛快速簡便的方式，但不少人擔心壁紙會出現發霉、脫落、翹邊等現象，其實壁紙會有這些狀況，大多是在施作前沒有作好牆面處理，或者鋪貼過程未確實，加上環境牆面太潮濕，若是剛好又挑選到容易受潮的壁紙，就會長出霉斑，因此在施作壁紙前牆面一定要先做整理。

要使壁紙需完全服貼在牆面，首先要做清理與整平工作，依不同底牆材質與狀況做好基礎整平的工序，水泥牆需要做批土、砂磨與清理等，並等水泥完全乾燥之後才能進行貼壁紙的作業；若是老房子有發霉、壁癌等問題則要先請專人處理，保持水泥牆面乾燥平整沒有浮塵，夾板類牆面則要以 AB 膠補平接縫處；假使原本的牆面已經有舊壁紙要更換，建議不要直接貼覆，要撕除舊壁紙後徹底清理殘留膠水，作好批土與磨平的工序等候確實乾燥後再重貼比較能服貼。

圖片提供｜福鑫建材有限公司

壁紙施工容易，圖案豐富多變，能輕鬆打造不同的空間氛圍。

壁紙千變萬化的圖騰與色彩選擇，是變化空間牆面快速又省時的方法，而且隨著材質不斷更新演進，發展出更多美感及機能兼備的壁紙材質，選購前了解壁紙的各項特性，才能靈活運用在適合的空間。

壁紙除了花樣以外，有別種材質可以選擇嗎？

・紙材壁紙

天然木漿加工而成的紙壁紙，環保性能高，透氣性好，不過因為厚度較薄，也容易受環境潮濕影響，要避免使用在潮濕的壁面。

・塑膠壁紙

材質通常為壁紙基層覆蓋 PVC 膜表面，因此具有防水、耐用且容易維護清理的優點，但相對地透氣性不好，然而它可能含有危害環境和健康物質，選購時一定要留意品質，並且不要使用在通風性差、密閉式的房間裡。

・玻璃纖維壁紙

採用中鹼玻璃纖維與耐磨樹脂製成，擁有較強韌的結構，不容易因牆面龜裂異變而受損，色彩表現好不易褪色，還有防火、防水、防霉特性，可以運用的範圍相當廣泛，但價格較為昂貴，可以以裝飾方式局部使用。

・浮雕壁紙

浮雕壁紙表層凸起的立體圖案，是由 PVC 糊狀樹脂加熱發泡製成，摸起來厚實鬆軟，有很好的裝飾效果，也因紙材比較厚實吸音效果較強，但也比其他壁紙更難施工。

想從牆面著手型塑具有特色的居家風格，除了運用油漆做色彩變化，不妨選擇像是珪藻土、藝術漆、礦物塗料等有特殊功能的漆料，配合師傅工法詮釋各種油漆的質地與視覺效果。

·珪藻土

珪藻土屬於礦物塗料的一種，是藻類死亡後隨著時間沉積，並經過提煉後形成，具有細小孔洞可有效吸水，潮濕時能吸收空氣中的多餘水分，在通風環境下能自然代謝水氣，調節空氣的濕氣。屬無機塗料的珪藻土有除臭、吸附甲醛等作用，而淺米色珪藻土原料帶有粗糙顆粒感，能表現質樸自然的空間質感。

適用空間：臥室、餐廳、客廳

·仿清水模塗料

為了模擬出清水模的效果，有以日式膠泥為原料混入灰泥調製而成的塗料，配合師傅工法呈現出清水模的自然色澤變化。「樂土」也是仿清水模塗料之一，同樣也能透過批土、抹刀等不同工法施作，表現出各種質地與紋理。

適用空間：客廳、餐廳、玄關

·特殊塗料

特殊塗料種類繁多，其中藝術塗料擁有別緻的質地與觸感，常搭配海綿或抹刀和色漿作調和，加上師傅的工法創造出類似仿舊、木質等具藝術性紋理，雖然費用稍高，但能擁有獨一無二的空間變化。

適用空間：客廳、餐廳、玄關

空間設計暨圖片提供｜構設計

仿清水模塗料具有塗料特性，使用鏝刀鏝抹就能形塑出有如水泥牆面的質感。

想用天然石材裝飾牆面
有沒有更經濟實惠的選擇？

天然石材取之不易，加上現今環保意識抬頭，在石材礦產資源有限的情況下而產生薄片石材，或可稱為礦石板。薄片石材截取自天然岩石中的頁岩和砂岩，通過剝離的技術將岩石面一層層分層出來，表面層仍有岩石天然質感，背板則為聚氨酯及玻纖複合，厚度約只有 1.5～2 mm 左右，重量也只有傳統石材的 1／10，柔軟的特性使薄片石材施工更簡單、快速，可大幅節省安裝成本，且應用範圍更廣，可貼合於各種表面板材上，施作於圓柱和曲線牆面也沒問題，薄片石材也具防水、耐低溫特性，可應用在建築物外牆。

另一種薄板磁磚是經過高溫煅燒製成的板狀陶瓷磚，簡單來說就是尺寸大於一般磁磚的大板磚，基本尺寸可達 120×240cm 以上，可展現如石材般大器紋理，厚度小於 6 mm，重量比磁磚和石材輕盈，能減少建物承重，硬度高於石材，且耐熱、吸水率低、清潔容易，近年有取代石材趨勢，但薄板磁磚也因為尺寸大，施工技術要求較為嚴格。

	薄片石材	薄片磁磚
生產方式	取自天然岩石中的頁岩和砂岩，以剝離方式分層出來。	經高溫煅燒及製磚工藝製成。
材質	表層為天然頁岩和砂岩，背板為聚氨酯及玻纖複合。	高嶺粘土和其它無機非金屬材料。
厚度	1.5～2 mm	3 mm／6 mm／9 mm／12mm
花色	天然石紋	仿石材紋路
應用	超薄和軟性，應用廣泛	以平坦飾面為主

14

牆面具有界定空間作用，但隔間卻有可能讓明明很大的空間顯得擁擠，其實只要善用色彩和材質加以變化，就能維持舒服的空間感。

‧善用反光材質讓空間瞬間倍增

如果部分區域感覺侷促，在牆面利用鏡面材質折射特性就能放大空間，選擇茶鏡、灰鏡、墨鏡等有顏色的鏡面，能降低明鏡產生的冰冷銳利感，鏡面的色調也較能融入空間設計，表現出較為暖調、時尚的空間調性。

‧清新透光材質調升空間明亮度

玻璃屬於高透光性材質，當空間有明亮光線自然就感覺寬敞，其中壓花玻璃、毛玻璃及玻璃磚都能達到透光不透視效果，可隨空間需求選用不同透明度來維護隱私。

‧運用色彩深淺層次創造空間感

想讓空間有放大效果，顏色要挑選彩度高、明亮的色系，同時運用黃金配色法則 60：30：10 來搭配，以白色、米色等淺色系為空間基礎色調，在局部牆面漆上較鮮明的顏色，讓視覺在色彩變化之間感覺空間放大。

空間設計暨圖片提供｜隱設計

當空間不足又希望劃分空間區域時，可利用可收可開的門來彈性改變空間，若想更有開闊感，門片可選擇穿透性佳的玻璃材質，這樣既便關上門也不會有封閉感。

廚房水槽及烹飪區前的壁面，最容易因為處理食材及料理而沾附油污、水漬，因此防濺板的材質一定要確保日後好清理，然而現在開放式廚房已經成為主流設計，因此防濺板除了要方便清理，更要與整體空間的設計協調，即使牆面範圍不大，仍能利用適合的材質花色與鋪排方式打造美型廚房。

·烤漆玻璃防濺板

烤漆玻璃最大的特點在於顏色豐富很容易與廚櫃色調搭配，但無法直接在表面鑽洞，安裝時在背後加裝鐵板就能有磁吸效果，可以吸附掛鉤等廚房用具增加使用功能，而且光滑無接縫的玻璃表面非常好清理保養，簡單的用清潔劑和抹布擦拭就能光亮如新，然而一體成型的烤漆玻璃若有破損時維修時需要整片更換。

·磁磚防濺板

磁磚好清潔、防水防油污的特性同樣適用於廚房防濺牆，磁磚花色及形狀相當多元，像是近年很受歡迎的釉面鐵道磚、花磚、六角磚，或者仿大理石紋、木紋等等，再透過不同的拼接方式變化出具有特色的牆面，能呼應各種空間風格。但磁磚縫隙仍要留意清潔保養，長期接觸水與油污若不即時清理還是會發黃卡垢。

·不鏽鋼防濺板

具有耐高溫、耐酸鹼，好清潔的不鏽鋼，早期大多用於水槽及檯面，隨著工業風流行搭配當代設計，整體皆為不鏽鋼的櫥櫃、牆面能展現具有個性的廚房。不鏽鋼材質的缺點在於不耐刮、不耐撞，容易因為菜刮布洗刷或者電器碰撞留下刮痕和凹痕，使用維護上要稍微留意。

圖片提供｜睿敏磁磚

廚房是最容易沾染污漬，且又是用水的區域，材質的選用首重功能性，不只要好清潔，後續保養也應簡單為主。

16

想安裝推拉門，做為書房與客廳的隔間，安裝時需考量什麼嗎？

在坪數比較小的居家空間裡，想隔出理想中的格局，又怕隔牆讓空間變得窄小，此時除了隔牆材質的考量之外，更具靈活與彈性功能的推拉門便成了選擇之一。這種門片形式，確實有助於空間的使用彈性，但在安裝時則需從以下幾點來做考量：

1. 推拉門通常都是三扇門片以上，所以除非是採用將門片全部收入牆面的設計，否則還是會留有一扇門片的寬度佔據空間，一般常見的門框寬度約是 60～90cm，以此類推，設置推拉門的區域在扣除門片寬度後，應還要留有可順暢行走的空間。

2. 安裝形式分為「懸吊式」和「落地式」，懸吊式需注意天花板材質硬度是否足以支撐門片重量，軌道則有外露與嵌入式，嵌入式視覺上比較美觀。落地式是在天花和地面設置軌道，但地面需是絕對水平才能安裝。

3. 門片運作形式分為「定點式連動拉門」和「連動式連動拉門」。當第一片門拉至第二片門，才啟動連動配件將兩扇門片扣住，產生連動，此為「定點式連動拉門」。「連動式連動拉門」則是在拉第一片門時，同時啟動連動配件，拉動第二片門。兩者沒有好壞之分，但連動式連動拉門使用起來會比較順暢。

空間設計暨圖片提供 | 庵設計

推拉門若想做為隔間牆，連動推拉門較適合，但需有一定寬度，才能展現推拉門優勢，若隔牆太窄，改為正常的二片推拉門比較適合。

磁磚是居家裝潢時使用最為廣泛的一種建材，可運用在室外、室內的地面、牆面，不過可別以為所有磁磚都一樣，根據使用的區域，使用的磚材也有所差異。室內裝潢用磁磚，一般其吸水率在規範準則下，以最低吸水率為要求，主要是擔心有色液體沾附難以清潔；但外牆磁磚吸水率則不能過低，這是為了避免無法和黏著劑達成良好黏貼效果。外牆用磚背溝通常比室內用壁磚和地磚背溝深，這是為了避免背溝深度不夠而造成磁磚掉落。

室內用磁磚除了用的地方不同以外，壁磚和地磚最大的區別就是吸水率。一般來說，地磚吸水率比壁磚低，相對來說硬度也比較高，因此適合運用在會經常踩踏，且容易沾染污漬的地面，而壁磚雖說吸水率高於地磚，但由於是用在壁面，除了重污區的廚房和衛浴以外，基本上髒污程度並不高，因此較不會有難以清理的情況發生；但若是一定要用同一種磁磚，則地磚可用於壁面，而壁磚不能使用於地面。

空間設計暨圖片提供｜構設計

地磚著重使用功能性，壁磚除了功能性，也注重裝飾性，若非預算考量，建議應各自使用適合磚材。

18 為什麼折疊門或推拉門用久了就會卡卡的？

不論是折疊門還是推拉門，兩種門片皆是利用五金與軌道，來讓門片可以推拉或折疊，也因為門片開闔為經常性動作，因此五金長久使用下容易鬆脫，而軌道則因不易清理而容易堆積髒污，這些都可能造成門片在滑動時，感覺卡卡的不順暢，因此為了避免縮使用壽命，可做以下幾個動作，來讓門片即使用得長久，也能一路順暢。

1. 定期清除軌道溝縫的灰塵、髒污

灰塵和髒污是造成門片滑動不順的最大原因，因此軌道的清潔分外重要。為了避免刮傷五金零件，建議可仗用軟毛刷定時清潔軌道溝縫，並使用潤滑油保養。折疊門則因為折疊門片動作，會在門片折疊交會處堆積灰塵，位置不易發現且較難清理，但若不定期清潔，多少會影響使用。

2. 使用時勿過度用力拉扯

連動拉門在開闔時相當順暢，但在進行開闔時，要注意力道，不要過度用力拉扯，以免造成門左右晃動，間接造成五金配件的鬆脫。

3. 尋找專業維修

若門片出現現故障情形，如五金零件鬆脫，或無法正常開拉連動拉門時，建議應尋找專業人員進行修繕及保養，勿自行拆解修理。

空間設計暨圖片提供｜構設計

不論是推拉門或折疊門，皆有軌道、五金等裝置，最好定時清理軌道，潤滑五金，才能讓門片保持順暢。

19

但真的吸得住嗎？

由於先進的科技，想讓牆面具有一定功能，不需要複雜的施工，只要使用塗料就可能達成，除了常見的黑板漆之外，可讓牆面具有磁力的磁性漆，也是常見的一種特殊塗料。

磁性漆主要是在塗料摻入鐵粉，使牆面產生磁力，便可吸附任何具磁性的物品。由於刷上去的顏色一般為灰色，因此為了配合居家空間風格，很常見將磁性漆做為底漆，再上一層黑板漆、白板漆，讓牆面不只具有磁性還可以在上面書寫塗鴨，若是想要色彩更豐富、活潑一些，則也能選用有更多顏色可選擇的水性漆。

磁性漆的施工方式與一般塗料相似，可施作於混凝土、木板、水泥牆等底材，塗刷次數，一般塗料多是塗刷 2 道，但建議磁性漆最好要塗 4 至 5 道，以確保牆面真正具有磁力，價格上比一般乳膠漆高，一般 1 公升磁性漆約 NT.1,000 ～ 2,000 元不等。

材質比較

	磁性漆	黑板漆	白板漆
優點	讓強面具有磁力，且可混合其他特殊漆一起使用。	以濕抹布擦式，即可在牆面重複書寫，水性黑板漆無毒無害，是安全、環保塗料。	可在牆面書寫，透明色，刷在物體表面，不會改變原本顏色，不需費心做色彩搭配。
缺點	價格較高，且塗刷次數不夠，不易產生磁力。	因是水性油漆，所以施工期較長。	記號若無法擦掉，需用白板漆專門清潔劑，不能用家用清潔劑。

20

輕隔間有那麼多種，各有什麼優缺點，隔音效果好嗎？

早期隔間牆以磚牆和 RC 牆為主，雖然堅固但為了更動格局，不論是拆除還是新建隔牆施工都比較複雜，因此後來便有了輕隔牆來因應空間格局上的變動。早期輕隔間以木作隔間為主，主要做法其實和天花類似，先以角料搭建出骨架後再以板材封板，後來則有了施工更為簡便的輕鋼架隔間，而隨著科技的進步，更有了陶粒板和白磚牆這類輕質又好施工的隔牆選擇。而這些隔間方式在施工、功能及費用上也各有不同，其差異如下：

木作隔間： 主要使用的材料有角材、板材，施工、拆除容易，但隔音效果不佳，耐震度也比較差。

輕鋼架隔間： 可分為濕式和乾式，濕式耐震度比乾式好，但因是灌入輕質水泥，拆除、施工較其它輕隔間費工，比 RC 牆簡單。

陶粒板隔間： 陶粒板採預鑄方式，只需到現場依需求裁切板材即可安裝成牆，施工快速，耐震度佳，拆除比較費工。

白磚牆隔間： 施工方式與紅磚牆類似，完成後不需粉光，即可批土上漆，相較紅磚牆施工步驟簡易許多，耐震度尚可，拆除容易。

材質比較

	輕鋼架隔間（乾式）	輕鋼架隔間（濕式）	白磚牆隔間	陶粒板隔間	木作隔間
隔音效果	30－50dB	35dB	25dB	50dB	30－50dB
費用	2500－3000／坪（連工帶料）	3500－6000／坪（連工帶料）	4000－5000／坪（連工帶料）	6500－8000／坪（連工帶料）	3000－4000／坪（連工帶料）
壁掛力	可以釘掛，不建議掛重物	要掛重物，須在牆內以鐵板加強，才具足夠承載力	不適合釘掛，若要吊掛，需用白磚牆專用五金螺絲	可吊掛重物	可用補強方式加強，但不適合掛重物

DESIGNER DATA

工緒空間設計

- ☎ 03-658-2786
- Ⓜ gongxuind@gmail.com
- Ⓐ 新竹市竹北市成功七街
  176 號

木介空間設計

- ☎ 06-298-8376
- Ⓜ mujie.art@gmail.com
- Ⓐ 台南市安平區文平路
  479 號 2 樓

明代設計

- ☎ 02-2578-8730
- Ⓜ ming.day@msa.hinet.net
- Ⓐ 台北市松山區光復南路
  32 巷 21 號 1 樓

都市居所

- ☎ 02-2898-2785
- Ⓜ info@urbanshelter.com.tw
- Ⓐ 台北市北投區新民路
  71 巷 2 弄 6 號 1F

庵設計

- ☎ 0911-366-760
- ✉ an.yangarch@gmail.com
- Ⓐ 新竹縣竹東鎮民德路
  64 號 12 樓 -2

構設計

- ☎ 02-8913-7522
- ✉ madegodesign@gmail.com
- Ⓐ 新北市新店區中央路
  179-1 號 1 樓

MANUFACTURER DATA

福鑫建材有限公司

☎ 02-2321-8909

🅐 台北市金山南路一段
一號一樓

FB：Flügger Taiwan 丹麥環保塗料
福鑫建材 Fu-Hsin Building Materials

睿敏磁磚

☎ 02- 2732-3888

🅐 台北市大安區臥龍街
258-1 號

官網：https://www.remin.com.tw/

18PARK 流行燈飾傢飾

☎ 02-2785-0490

🅐 台北市南港區忠孝東路
六段 83 號

官網：http://www.18park.com.tw/

裝潢建材基礎課

2021 年 04 月 15 日初版第一刷發行
2023 年 08 月 15 日初版第二刷發行

編　　著　東販編輯部
編　　輯　王玉瑤
採訪編輯　王玉瑤・陳佳歆・鍾侑玲
封面・版型設計　紫語
特約美編　梁淑娟
發 行 人　若森稔雄
發 行 所　台灣東販股份有限公司
　　　　　＜地址＞台北市南京東路 4 段 130 號 2F-1
　　　　　＜電話＞ (02)2577-8878
　　　　　＜傳真＞ (02)2577-8896
　　　　　＜網址＞ http://www.tohan.com.tw
郵撥帳號　1405049-4
法律顧問　蕭雄淋律師
總 經 銷　聯合發行股份有限公司
　　　　　＜電話＞ (02)2917-8022

裝潢建材基礎課 / 東販編輯部作 .
　-- 初版 . -- 臺北市：
臺灣東販股份有限公司 , 2022.04
160　面；17×23 公分
ISBN 978-626-329-123-2（平裝）

1.CST: 建築材料

441.53　　　　　　　　　　　111000836